花冠、花束、耳饰、
腕饰、项链、胸花……

折田沙耶香的
美丽手作烫花

〔日〕折田沙耶香　著

陈亚敏　译

河南科学技术出版社

· 郑州 ·

序言

　　首先很感谢大家阅读本书。我是布花设计者折田沙耶香（SARAH GAUDI）。本书收录了大量治愈系的花朵、植物饰品，通过各种各样的制作手法把大自然的美呈现在饰品上，传递给大家。

　　本书主要介绍布花作品及其制作方法。

　　布花制作时，有很多工序。首先是裁剪布、染色、烫压布艺花瓣，等等。即使制作 1 片花瓣也是如此。之后就是开始组合各个部件，需要有耐心。正因如此，制作的布花作品会给你带来不一样的美感与喜悦。所以，请你有机会一定要尝试一下这些手工布花，感受一下它们的魅力。

　　在此推荐的作品，色彩搭配大都比较适合女性，制作精细，梦幻般华美。无论是日常生活，还是特别的日子，或华丽，或温婉，总能挑选出适合自己的一款衣着饰品。尝试亲手制作一款自己专属的手工布花饰品吧！

　　另外，布花因染色、烫压方法不同会有不同的造型。一旦掌握本书作品的制作工序，就可以根据自己的喜好，尝试制作自己喜爱的布花饰品。

　　但愿本书能带领大家感受布花制作的快乐，爱上手工布花制作。

折田沙耶香
SARAH GAUDI

CONTENTS

目 录

01

Mixed Flower Bouquet
彩色花束

这款花束以浅粉色作为主色调,
温婉贤淑的少女风。
最后系上天鹅绒丝带,优雅有品位。

制作方法…p.54

01

02

Dahlia Corsage with Tulle Lace
大丽花绢网胸花

绚烂绽放的大丽花非常有魅力，
作为主花，
搭配上可爱的小花。

制作方法…p.56

02

03、04

Chrysanthemum Corsage
菊花胸花

大款的胸花较为华丽，
小款的胸花则可用于一般的正式场合。
大小不同，可根据时间、地点、场合选择使用。

制作方法···p.57

03

04

05

06

05、06

Blue Flower Crown & Wristlet
蓝色系花冠及腕饰

使用纯洁无瑕的白色作为底色，
点缀蓝色制作而成的花冠和腕饰。
非常适合穿婚纱时佩戴。

制作方法···p.58

07、08

Frame Brooch
带边框的饰针

边框能衬托出布花的立体感，
比较适合搭配简单一点的衣服。

制作方法…p.60

07

08

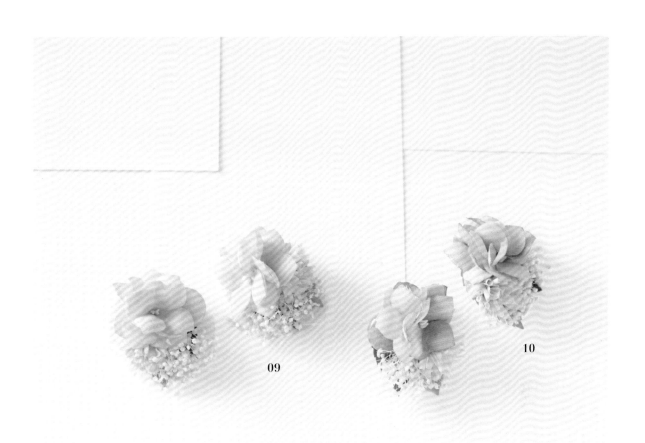

09

10

09～11

Hydrangea &
Natural Stones
Pierced Earring
绣球花、天然石耳饰

3 种颜色的、柔和色调的绣球花耳饰。
可根据衣服的颜色自由搭配。

制作方法…p.62

11

12
13
14

12 ~ 14

Pale Pink Ear Hook

浅粉色花朵耳挂式耳环

颇有存在感的耳挂式耳环，
把耳朵装饰起来。
小小的花朵增添了几分女性的柔美。

制作方法···p.63

15
Pale Green Necklace
浅绿色绣球花珍珠项链

布花的色彩搭配堪称绝妙，
制作出了古雅情调的、
适合成人佩戴的项链。

制作方法···p.64

15

16

17

16、17

Pale Green Bracelet &
Hoop Pierced Earring
浅绿色手环和大耳圈耳环

白色、绿色组合而成的淡色系手环和耳环。
和 p.16 的项链作为首饰套装，
佩戴起来完美优雅。

制作方法…p.65

18、19

Red Small Flowers Brooch & Earring
红色小花首饰套装

可爱的红色小花首饰套装，
增添了女性的优雅。

制作方法…p.67

18

19

20

21

20、21

Anemone Pierced Earring

银莲花耳饰

小小的银莲花，简单的设计，
搭配天鹅绒布花和珍珠，
制作出非常有质感的银莲花耳饰。

制作方法…p.69

22、23

Smoky Blue Bangle & Earring

烟蓝色腕饰和耳饰

清爽的蓝色系搭配柔软的素材
制作而成的腕饰和耳饰，
给人温婉清新的感觉。

制作方法…p.70

24、25

Stock & Gerbera Barrette

紫罗兰、太阳花发饰

以白色的玫瑰作为主花制作而成的非常有品位的发饰，
比较适合搭配自然风的衣服。
也可用于其他装饰。

制作方法…p.72

24

25

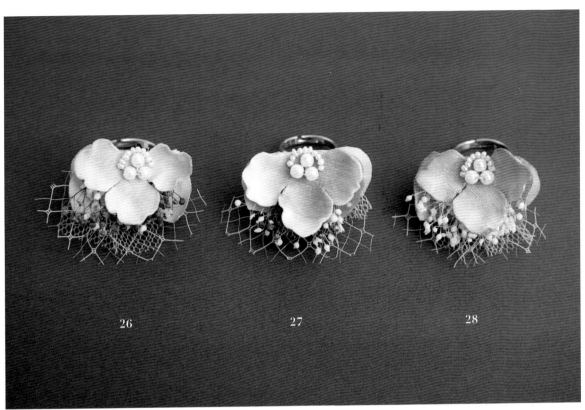

26   27   28

26 ~ 28

Hydrangea Ring with Tulle Lace

绣球花绢网戒指

色彩搭配协调的一款非常有存在感的布花戒指。
通过颜色的渐变形成层次感，
展现出女性的优美。

制作方法…p.73

29、30

Blue Small Flowers Brooch & Earring
蓝色小花胸花和耳饰

蓝色系布花搭配珍珠制作而成的
清秀素雅的首饰套装。
无论什么时候都可佩戴这些小花饰品。

制作方法…p.74

31、32

Corsage of Bouquet
花束状胸花

就像把田野里随手采摘的鲜花扎起来一样，
这款可爱的花束状胸花看起来随意却十分漂亮。
建议使用亮色系布料进行制作。

制作方法…p.75

31　　　　　　　　　　　　32

制作布花饰品的注意事项

　　这些布花饰品不仅可以自己佩戴，还可作为礼物送给重要的人，对方一定会非常开心的。但是，在制作时，最好先想想对方的爱好，选择相应的花。布料染色时，同样要考虑到对方喜爱的颜色，这样做能让接受礼物的人更开心愉快。

　　一般情况下，使用不同种类的花，做出的饰品感觉也会不同。蔷薇、百合类植物比较优雅，而田野里的花比较可爱。掌握基本的制作方法之后，可以根据自己的想象，挑战制作出比较独特的布花饰品。

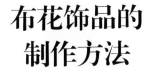

布花饰品的
制作方法

接下来，介绍制作布花饰品所需的基本材料和工具、基本制作方法，

以及保鲜花、仿真花的搭配组合方法。

对所需材料、制作方法了解之后，再开始尝试制作吧！

基本材料和工具

制作布花饰品时，所需的基本材料和工具，
可在手工艺品店或者做仿真花的专门商店购买。

花瓣用布

布花制作时不可或缺的就是布。根据花
的种类、饰品的类型选择合适的素材（参
见p.33）。

花芯用的材料

珠光花蕊、苯乙烯圆球、棉片等都可用
于布花的花芯制作。珠光花蕊的形状、
颜色各式各样，种类丰富（参见p.33）。

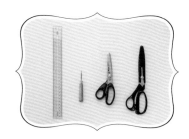

裁剪工具

从左边开始，依次是尺子、打孔的锥子、
布用锯齿剪刀、布用剪刀。裁剪整齐的情
况下，制作的作品比较好看。

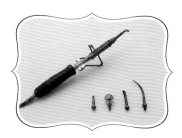

烫花器、烫压模具

烫花器可以把布花做出立体感，更加形
象逼真。烫压模具及烫压方法不同，做
出的花瓣也不一样。

烫花垫

烫花垫用于烫压布花时使用。使用时，
在左边的海绵上缠上棉布。

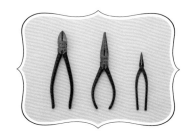

钳子

从左边依次是斜嘴钳、尖嘴钳、扁嘴钳。
主要用来剪断仿真花的铁丝、固定饰品
的金属配件。

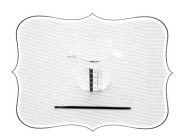

染色用的计量工具

计量染料或者热水的量杯和小细勺。量
杯一般是200mL，小细勺用来取少量染
料，每次根据需要添加。

染色用的其他工具

染布时必需的工具组合。尤其是需要染
多种颜色时，建议使用塑料或纸制的盘
子、勺子。

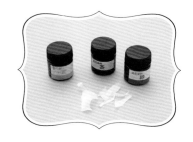

染料、试染碎布

布染色时所需的材料。一般在真正染色
之前都需要先试染一下，所以建议准备
些碎布。

毛边纸

把染色之后的布花部件放在毛边纸上，使其晾干。报纸或者其他吸水的纸也可以。

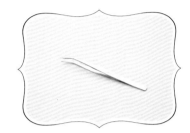

镊子

给布染色、组合饰品等一些细微的作业时使用。

仿真花用黏合剂、小刮板

用于粘贴布。小刮板根据花瓣的大小选择，最好准备两种。

热熔胶枪、胶棒

制作布花或组合饰品时，需要用到热熔胶枪。一般的商店即可购买到。

保鲜花、仿真花

为了使作品更具立体感、华丽感，可添加一些保鲜花与仿真花。不用到专门商店购买，一般的手工艺品商店即可买到。

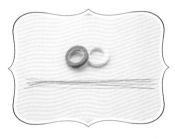

仿真花用铁丝、扎花胶带

制作花芯、茎，扎花时用到的材料。扎花胶带的颜色需要根据作品的颜色进行选择。

花瓣以外的用布、各种丝带

把蕾丝和不织布作为饰品的底座，丝带和绢网作为饰品上的点缀装饰。

金属配件

把圆环、耳针、别针等和布花一起制作成饰品。一般结合作品的尺寸选择相应的金属配件。

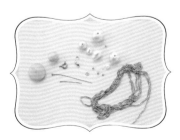

装饰配件

珍珠、天然石等一些装饰配件必不可少。另外连接时需要天蚕丝线(尼龙线)、T形针等。

基本制作方法 （◆太阳花胸花）

步骤 **1**～**26** 制作太阳花，步骤**27**～**36** 太阳花、保鲜花和仿真花一起组合成胸花。

1

把主题图案临摹到布上

把布放在纸样（使用p.77的纸样 ⓓ）上，用铅笔把主题图案临摹到布上。注意用一只手摁住布和纸样，防止错开。

2

裁剪主题图案

把临摹到布上的主题图案沿着铅笔线裁剪。从线的内侧裁剪，会比较整洁好看。

3

制作所需的花片

重复步骤 **1**、**2**，制作所需片数的花片（需要制作6片，每3片重叠组合，做成2朵太阳花）。

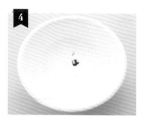

4

制作染料

制作花瓣用染料。把0.5g左右的仿真花染料倒入稍微深一点的器皿里。为了能辨别染料的颜色，建议使用白色的器皿。

5

往仿真花染料里加入开水

在步骤 **4** 的器皿里加入200 mL开水。一定要加入开水，否则温度过低，染料会溶解不开（参见p.42）。

6

搅拌染料

注入开水之后，用勺子搅拌均匀。搅拌好之后，取出一点观察一下颜色，建议使用白色的勺子。

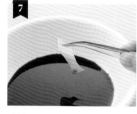

7

试染

用相同布料的碎布先试染一下。确认染好的布的颜色。如果颜色有点浓，需要在步骤 **6** 的染料中继续加入开水。在颜色淡的情况下，需要另做染液进行调色。

8

给花片染色

染料的浓度确定好之后，开始给花片染色。用镊子夹住布，从边缘开始一点一点地染。注意不要忘了染镊子夹住的部分。

9

晾干染好的花片

整体染色均匀之后，放到毛边纸上，晾1小时左右。注意花瓣不要重叠，不要折，用镊子展平。

10

制作太阳花的雌蕊

把布剪成如图的边长2.5cm的正方形，按照步骤 **4**～**9** 进行染色（因为有2朵太阳花，所以需要准备2块雌蕊用布）。

11

包上苯乙烯圆球①

在步骤 **10** 的布的背面（光滑的一面）用小刮板均匀地涂上黏合剂，然后把苯乙烯圆球放在中央。

12

包上苯乙烯圆球②

先把布的对角线的两个顶角粘贴起来，然后整体摁压，使布和圆球充分粘贴到一起。

整理雌蕊的形状

把布的粘贴口朝下，整理成漂亮的圆形（准备2朵太阳花的雌蕊）。

制作太阳花的雄蕊

珠光花蕊(右)准备好之后，对折剪断(左)，制作雄蕊。长短不一，也是可以的。

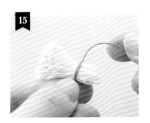

缠上仿真花用铁丝

在剪好的花蕊的1/3处缠上仿真花用铁丝，缠5圈或6圈。注意缠紧了，不要散开。

裁剪珠光花蕊

如图所示，从铁丝下面2~3mm处开始裁剪。

涂上仿真花用黏合剂

摁住铁丝部分，裁剪的一端涂上仿真花用黏合剂。这样一来，珠光花蕊就固定住了，即使松开手，也不会散开。

制作花蕊

仿真花用黏合剂晾干之后，整理雄蕊的形状，中央留出空隙，步骤**13**的雌蕊的下半部分涂上黏合剂，粘贴到空隙里，花蕊制作完成。

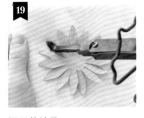

烫压花片①

把步骤**9**中晾干的花片放到烫花垫上，在花瓣的顶端进行烫压(这里所用的是二筋馒烫头)，烫花器一直滑动到中央的圆处。

烫压花片②

按照步骤**19**的方法，对每片花瓣进行烫压。烫压的要点就是如图所示从底部把花瓣往烫花器上摁。

制作花蕊穿入孔

制作穿过仿真花用铁丝的孔，以便安装花蕊部分(太阳花的情况下，花片对折，中央部分剪5mm，剪十字形牙口)。

组合花瓣和花蕊

把步骤**18**的铁丝从上面穿进步骤**21**的花片的孔中。然后在花蕊的外侧涂上仿真花用黏合剂，把花蕊和花片粘贴到一起。

整理花瓣的形状

把花片粘贴到涂有仿真花用黏合剂的部分，使其固定。趁黏合剂还没有晾干之前，用拇指和食指，整理一下花瓣的形状。

重叠花瓣

把所有的花片用黏合剂粘贴固定。用手握住花，整理其形状(把3片太阳花花片重叠在一起)。

※使用烫花器、染料用的热水、热熔胶枪时，注意不要烫伤。

用扎花胶带制作花托

在花瓣背面的珠光花蕊部分缠上扎花胶带，制作花托。用手撕取所需的扎花胶带，左右拉伸之后再使用。

太阳花制作完成

用钳子把多余的铁丝剪掉。布花太阳花制作完成。

裁剪仿真花的茎

做成易于组合使用的茎（胸花的情况下，使用钳子裁剪茎的根部）。有时可能需要重新制作茎，参见p.45。

准备布花之外的材料

预先准备好保鲜花（参见p.44）。（这里使用整束的满天星，根部用铁丝缠上。然后注意灯芯草的高度整理一致之后再剪。）

考虑如何配置

作为底座的叶子上面，放上准备好的各种材料，一定要注意整体的均衡性。作为主花的大花放在中央，配置好其他材料。

粘贴保鲜花

决定好如何配置后，从下面放置的材料开始粘贴固定。灯芯草、保鲜花放好后，用热熔胶固定。热熔胶晾干至3成左右即可。

往仿真花上涂热熔胶

接下来在仿真花的背面涂上热熔胶，为了粘贴固定紧，多涂一些。

粘贴仿真花

把涂有热熔胶的仿真花粘贴到保鲜花的上面。沿着叶子紧紧地粘贴固定，不要有空隙出现。

粘贴第1朵布花

和仿真花一样，把带有足量的热熔胶的布花粘贴到仿真花的侧面。注意留出另一朵花的粘贴空间。

粘贴第2朵布花

在接下来要粘贴的布花上涂上足量的热熔胶，粘贴到剩余的空间，注意花与花之间粘贴紧凑。

粘贴胸针底座

把胸针底座通过热熔胶粘贴到叶子的背面（参见p.49）。金属配件等正面的布花、仿真花晾干之后再粘贴固定。

胸花制作完成

整理各种花的形状，注意不要有空隙出现，胸花制作完成。

布花的材料和工具

接下来，介绍制作布花所需的材料和工具。
不同素材的布、不同的烫压造型以及组合方法，可制作出丰富多彩的布花。

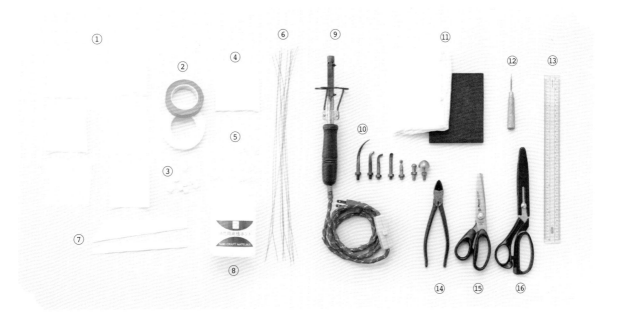

① 布
本书中所用的布左列从上向下，依次是纯棉布、天鹅绒、府绸；右列从上向下，依次是真丝缎、薄丝绸、封口布。共6种。

② 扎花胶带
扎花胶带可用于覆盖隐藏铁丝部分或者粘贴部分。本书作品所用的胶带宽均为12mm，一般为绿色。

③ 苯乙烯圆球
制作花蕊时，作为芯来用。从上面用布包起来。本书作品所用的圆球一般直径为10mm。

④ 棉片
马蹄莲等的花芯稍微粗一点，制作时需要棉片。一般用布或者胶带把棉片缠起来。

⑤ 珠光花蕊
主要用来制作雄蕊。珠光花蕊的种类有扁圆形、线形、水滴形等。

⑥ 仿真花用铁丝
在p.34布花的制作方法中，使用30号的。一般数字越大，铁丝越细。

⑦ 小刮板
用来涂抹仿真花用黏合剂。用于布与布的粘贴、去除里面空气的很方便的一种工具。

⑧ 仿真花用黏合剂
用来粘贴各种布。选择仿真花用黏合剂，会粘贴得干净整齐。用小刮板来涂抹黏合剂。

⑨ 烫花器
用来制作逼真花瓣的工具。准备仿真花专用烫花器。

⑩ 烫压模具（烫头）
烫头及烫压方法不同，做出的花瓣形状也不一样。可在一般的手工艺品商店或者专门的仿真花商店购买。

⑪ 烫花垫和棉布
铺在花瓣下面的专用衬布。为了防止热气跑到下面，用棉布包裹着海绵状的底座再使用。

⑫ 锥子
锥子在花片的中央打孔，用来穿过珠光花蕊。也可使用其他打孔工具代替。

⑬ 尺子
用来测量纸样的尺寸以及作品的大小。建议使用长一点的尺子，能够测量30cm左右。

⑭ 斜嘴钳
用来裁剪铁丝或者金属的工具。成束的情况下，建议不要一起剪，分开进行。

⑮ 布用锯齿剪刀
剪口呈锯齿状。比如康乃馨的花瓣顶端带有锯齿状，使用这种剪刀最合适。

⑯ 布用剪刀
专门用来裁剪布的剪刀，使用刀刃锋利的比较方便。

布花的制作方法

本书作品中所用到的布花，接下来将详细介绍其制作方法。
掌握这些基本的制作方法之后，可挑战制作比较独特的布花饰品。

◆ 大丽花

准备4种用染料染过的大丽花的花片（纸样参见p.78）：分别为5片Ⓙ、3片Ⓚ、1片Ⓛ、3片Ⓜ。

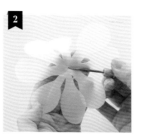

所有花片的中央都打孔，用来穿仿真花用铁丝。

用拇指和食指捏着花瓣，把每一片花瓣从顶端向中央卷曲。

把步骤3的花瓣翻到背面，如图把花瓣的两侧往内侧卷，制作出花瓣的形状。

把花片放到烫花垫上，从花瓣的顶端向中央滑动三筋镘烫头进行烫压，其中卷的中央部分也要烫压一下。

翻到背面，使用铃兰镘烫头烫压花瓣的顶端。把花片Ⓙ、Ⓚ、Ⓛ按照步骤3~6进行造型、烫压。

用在花朵中央的Ⓜ花片，用小瓣镘烫头进行烫压。从花瓣的顶端向中央，移动烫花器。

作为花芯的苯乙烯圆球中央穿上仿真花用铁丝，对折，然后底部扭缠2次或3次。

从上面把步骤8的仿真花用铁丝穿过步骤7花片的孔。如图用小刮板给苯乙烯圆球涂抹仿真花用黏合剂。

花瓣和圆球粘贴固定之后，按照Ⓜ→Ⓛ→Ⓚ→Ⓙ的顺序，把花瓣错开粘贴固定。

摁压苯乙烯圆球部分，一边使用仿真花用黏合剂固定花瓣，一边整理其形状。

大朵的绚烂绽放的大丽花制作完成。稍微注意一下花瓣的朝向、盛开度，会做得更加逼真。

◆ 马蹄莲

1 准备2片染色后的马蹄莲花瓣、1块花芯用布（纸样参见p.79的Ⓣ和Ⓤ）。

2 在花瓣背面涂上仿真花用黏合剂，把2块布粘贴到一起。

3 用小刮板把表面弄平整，去除布与布之间的空气。放置1小时左右，使其晾干。

4 制作花芯。在仿真花用铁丝上涂上仿真花用黏合剂，缠上充足的棉片。

5 把仿真花用黏合剂涂抹到花芯用布上，缠到步骤**4**的制品上。缠到看不见棉片，两端整齐。

6 沿着步骤**3**花瓣边缘使用卷边熨烫头烫压。把烫花器放倒，从内侧向外侧梳理般移动烫花器，进行烫压。

7 如图使用拇指，使烫压一侧的花瓣顶端弯曲。这样一来，做出的花更加逼真。

8 把步骤**5**的花芯放到涂有仿真花用黏合剂的花瓣的下部中央，裹起来粘贴固定。花芯看见一半即可。

9 撕取适量的扎花胶带，左右伸展之后，从花瓣与花芯重叠部分的下面开始缠绕。

10 如图把扎花胶带一直缠到花芯下端。

11 铁丝部分裹上棉片，做成和花芯粗细度相同的茎。然后继续缠绕扎花胶带。

12 素雅优美的马蹄莲制作完成。制作要点就是选择染料时，尽量与真花颜色接近。

◆ 绣球花（4种ⓐ、ⓐ'、ⓑ、ⓑ'）

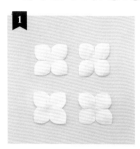

1 准备4片染色后的绣球花花片（纸样参见p.78的大◎）。

2 用锥子在中央打孔。

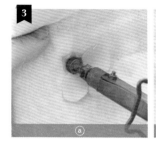

3 绣球花的烫压方法有两种。
ⓐ 使用三分圆镘烫头，在1片花瓣的中央摁压。
ⓑ 使用五分圆镘烫头，在1片花瓣的中央摁压。

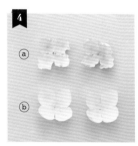

4 ⓐ、ⓑ各制作2片。通过烫压，做出有褶皱的花瓣的ⓐ和花瓣呈圆形的ⓑ。

5 准备珠光花蕊，放在一起对折，然后4等分。

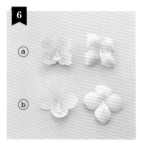

6 把珠光花蕊分别从ⓐ、ⓑ的正面、背面穿过。图为穿珠光花蕊的过程。

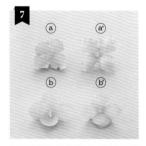

7 4种绣球花制作完成。可尝试使用比花瓣小的烫头制作有褶皱的花瓣，使用大的烫头制作出呈圆形的花瓣。

◆ 紫罗兰（2种ⓐ、ⓑ）

1 准备2片染色后的紫罗兰花片（纸样参见p.78的大Ⓝ），并用锥子在中央打孔。为了显示清楚，这里使用的花片并未染色。

2 和绣球花的制作要领一样，一片花片使用三分圆镘烫头进行烫压，另一片的花片使用五分圆镘烫头进行烫压。

3 将珠光花蕊对折，分成2份。穿到步骤**2**的花片里。图为穿珠光花蕊的过程。

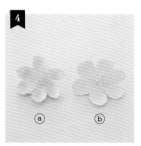

4 2种紫罗兰制作完成。可尝试制作白色、粉红色、紫色等像真花一样色彩丰富的紫罗兰。

◆ 白车轴草

1 准备5片染色后的白车轴草花片（纸样参见p.77的Ⓗ）。

2 如图把每片花瓣用手指往内侧卷，制作出花瓣的形状。

3 把步骤**2**的花片对折，中央剪牙口。对折后的仿真花用铁丝挂到牙口上。

4 把步骤**3**的花片对折，为原来的1/4大小。图为折叠完之后的状态。

5 把步骤**4**的花片对折，为原来的1/8大小。

6 把另一片花片对折，然后一侧的下面涂上黏合剂，如图缠到步骤**5**的制品的周围。

7 剩下的3片花片，按照步骤**6**的方法，重叠着缠上去，并把花整理成圆形。

8 可爱小巧的白车轴草制作完成。把布对折重叠，能呈现出其独特的圆形。

◆ 勿忘草（2种ⓐ、ⓑ）

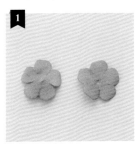

1 准备2片染色后的勿忘草花片（纸样参见p.77的Ⓖ），并用锥子在中央打孔。

2 把2片花片通过不同的方法，使用铃兰花馒烫头进行造型。
ⓐ 在花片的中央进行烫压。
ⓑ 每片花瓣分别进行烫压。

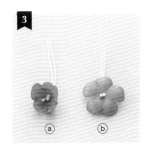

3 把对折后的珠光花蕊，从正面穿进ⓐ的孔里，从背面穿进ⓑ的孔里。2种勿忘草制作完成。

◆ 菊花

准备数片染色后的菊花花片。花片的制作方法以及纸样和太阳花基本一样(纸样参见p.77的Ⓓ、Ⓔ、Ⓕ)。

所有花片的中央都用锥子打孔。

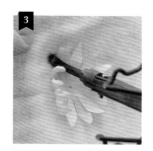

使用小瓣镘烫头从花瓣的顶端向中央滑动、烫压。

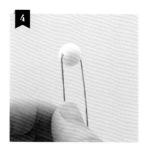

制作花芯。把仿真花用铁丝穿进苯乙烯圆球里，然后弯曲对折。

把圆球底部的铁丝扭两三下，从上面穿进花片的孔里。

在苯乙烯圆球上涂抹仿真花用黏合剂，用手指摁压，粘贴花瓣。

把黏合剂涂抹到粘贴到苯乙烯圆球上的布上，把其他的花片重叠粘贴上去。

所有的花片重叠粘贴之后，菊花制作完成。无规律地粘贴，反而更逼真。

◆ 康乃馨

准备10片染色后的康乃馨花片(纸样参见p.79的Ⓠ)，花片中央用锥子打孔。裁剪时，使用锯齿剪刀。

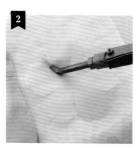

使用三筋镘烫头对每片花瓣的两端进行烫压。烫花器从顶端向中央移动。

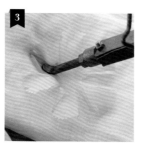

把步骤2的花片翻过来，就会出现折痕了。在折痕内侧的2个地方用三筋镘烫头进行烫压。

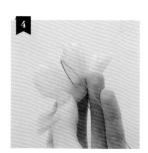

制作花芯和茎。花片对折，中央剪牙口。把对折后的仿真花用铁丝挂到牙口上。

5

把步骤**4**的花片对折，然后再次对折，如图把花片做成原来的1/8大小。

6

用小刮板在花瓣的底部涂抹仿真花用黏合剂。重叠粘贴其他花片。

7

一边重叠粘贴10片花片，一边整理花整体的形状。

8

稍微呈现皱皱感觉的康乃馨制作完成。花瓣边缘使用锯齿剪刀裁剪，呈现锯齿状，更加逼真。

◆ 蒲公英

1

准备1块布，裁剪成宽2cm、长25cm的长条，染成黄色。

2

如图，底部留出5mm，然后间隔1mm剪牙口。

3

把正面(光滑的一面)朝上，用食指把牙口端朝下摁压成圆弧状，制作出花瓣形状。

4

如图把对折后的仿真花用铁丝挂到第1个牙口上。

5

一边转动弯曲的铁丝，一边把正面向内侧卷。

6

中途，需要用仿真花用黏合剂粘贴。注意花的底面要卷平整。

7

卷完后，用黏合剂粘贴固定。用拇指把花瓣打开，整理其形状。

8

细细的逼真的蒲公英制作完成。牙口均匀的情况下，做得会更逼真。

◆ 鬼灯檠

1 准备3片染色后的花片和2块花芯布(纸样参见p.79的Ⓡ和Ⓢ)，中央用锥子打孔。

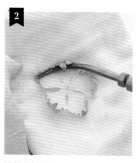

2 沿着花瓣的边缘使用卷边镘烫烫头进行烫压。朝向外侧梳理般移动烫花器，进行烫压。

3 把步骤**2**的花片翻过来，以搓指腹的方法把两端搓成圆筒形，制作出花瓣形状。

4 准备扁圆珠光花蕊(左)和线形珠光花蕊(右)，放到一起。

5 把放到一起的珠光花蕊对折，把对折的仿真用用铁丝挂到珠光花蕊的对折处，然后绕一圈固定。

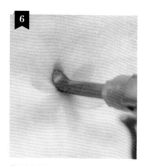

6 使用小瓣镘烫烫头烫压花芯布。烫花器从花瓣的顶端向中央部分移动。

7 把步骤**5**的制品从上面穿进步骤**6**的花芯布的孔里。

8 把和步骤**4**等量的2种珠光花蕊散开放到步骤**7**制品的周围，用铁丝缠3圈，固定。

9 把另一块花芯布穿到步骤**8**的制品上，用仿真花用黏合剂粘贴到珠光花蕊的外侧。

10 把花片对折，用剪刀在中央部分剪牙口。

11 把3片花片粘贴到步骤**9**的制品上，注意花瓣错开，不要完全重叠。

12 把扎花胶带缠到铁丝上，鬼灯檠制作完成。花片裁剪整齐的情况下，完成得会更漂亮。

叶子的材料和制作方法

饰品安装金属配件时，需要使用叶子作为底座。

有蒲公英专用、其他叶子专用（大、中、小、极小）等5种（纸样参见p.77、p.79）。根据饰品的大小选择使用。

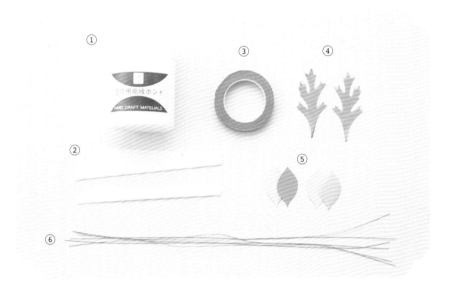

① 仿真花用黏合剂
用来粘贴布与布，做仿真花时使用。

② 小刮板
用于涂抹仿真花用黏合剂，并刮平重叠的布。

③ 扎花胶带
缠铁丝时用。一般是浅绿色。

④ 纯棉布（蒲公英用）
制作蒲公英时，使用纯棉布。用该布裁剪2块p.77的纸样①。染成绿色（用绿色染料）。

⑤ 仿真花用皮革布（其他叶子用）
用该布裁剪p.79的纸样Ｐ（浅绿色和绿色）。

⑥ 仿真花用铁丝
作为茎来使用，夹到叶子与叶子之间。

◆叶子的制作方法

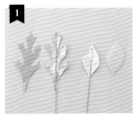

1 在裁剪好、染好色的叶子上，用小刮板均匀地涂抹仿真花用黏合剂，在中央放上仿真花用铁丝。

2 对齐粘贴另一片叶子，里面夹上铁丝。使用小刮板，把布刮平。

3 在步骤**2**叶子的底部缠上扎花胶带，一直缠到铁丝的末端。

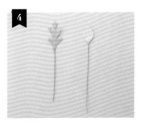

4 蒲公英的叶子（左）、其他叶子（右）制作完成。

布花的染色方法

掌握基本染色方法之后，最好也掌握一下晕染方法。
熟练之后，可以把自己喜欢的颜色放到一起，挑战一下独特色彩的染色！

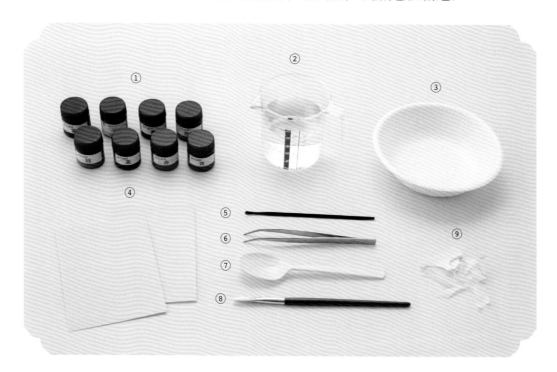

① 染料
染布用的材料。本书主要使用的是紫红色、绿色、黄色、茶色、紫色、红色,黑色,蓝色等8种颜色的染料。

② 量杯和热水
用量杯测量热水的量，溶解染料。需要根据染料的要求使用开水或者温水。

③ 白色器皿
用热水溶解染料时使用的器皿。为了染料的颜色清晰明了，建议使用白色纸杯等器皿。

④ 毛边纸
把染过的布摊开晾干时，铺在下面。能吸收水分的纸或者报纸也可以。

⑤ 小细勺
取染料的工具。1满勺大约是0.5g。

⑥ 镊子
染布时，用镊子夹住。注意不要把染料弄到手或衣服上。

⑦ 白色勺子
把染料和热水搅拌混合时用的工具。建议使用塑料勺，不容易沾染料。

⑧ 油画笔
晕染时使用。使用小型油画笔，会染得更好。

⑨ 碎布
试染用布。一般使用和实际用布相同素材的碎布来试染。

※ 染料的基本比例……本书中，染料与热水的比例约为2.5g：200mL。
※ 染料的基本比例因厂家不同，使用方法稍微不同，请参照各自的说明书。

◆ 基本的染色方法

1 准备好染色用染料和工具。

2 用小细勺取染料，大约2.5g的量放入器皿里。

3 往器皿里加入200mL热水。温度过低时，染料不易溶解，所以要使用热水。

4 用勺子搅拌均匀，使染料充分溶解。

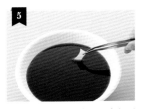
5 试染。一般使用和实际用布相同素材的碎布来试染。浓度高的情况下，加入热水。浓度低的情况下，加入另做的浓度高的染液。

6 染液浓度调好之后，开始染部件。用镊子夹住布，放进染液里。注意染色要均匀。

7 染完之后，要确认有没有漏染，是否染色均匀。把染过的部件铺到毛边纸上。

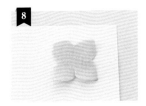
8 在毛边纸上放置1小时左右晾干，染色完成。

◆ 混色染的方法

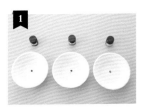
1 分别取所需的染料，每种颜色约2.5g，放入器皿里（茶色+绿色+黄色=本白色）。

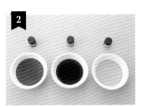
2 步骤**1**的器皿中分别加入约200mL热水，用勺子搅拌均匀。

3 步骤**2**制作的3种颜色，按照1:1:1的比例进行混合，做出混合的颜色。

4 用步骤**3**制作的混合染液染色。

◆ 晕染的方法

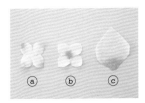
为了制作各种效果的布花，进行晕染。整体基础色染过之后，趁还没有晾干的时候，加入其他颜色。

制作绣球花、紫罗兰时，使用晕染的方法。使用比布更深的颜色制作出染液，用油画笔涂到部件的中央。

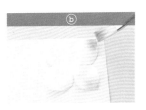
多个花瓣的晕染方法：用油画笔分别在4片花瓣的顶端进行染色。

马蹄莲花瓣的下半部分，颜色重复染几次。看似有点脏，其实更逼真。

43

保鲜花和仿真花

为了使作品更有立体感和华丽感，需要加入一些保鲜花和仿真花。
一边考虑和布花搭配，一边享受各种花的组合吧！

保鲜花

绣球花
成束的绣球花能增加花的分量。裁剪1朵可用来填补花与花之间的空隙。使用方法多种多样。

灯芯草
虽然是配草，但是添加少许，就会增添整体的美感。

兔尾草
手感松软。制作作品时，添加一个，就会让作品的感觉变得不一般。

文心兰
如果想整体使用白色系的花朵，可在大布花中添加小的文心兰。大小花朵的参差搭配呈现了动态之美。

满天星
常用作仿真花制作时的配草，可做出丰富多彩的造型。

花竹柏
制作花束时，最适合用来增添分量。

◆ 保鲜花整理成束的方法

1 把成束的保鲜花适度地分开，整理其高度，用手拿着。

2 茎部缠上仿真花用铁丝。用钳子把铁丝缠绕部分的下方的茎剪掉。

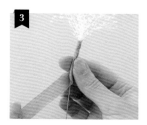

3 从花的底部开始，缠上扎花胶带，一直缠到铁丝的末端。

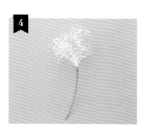

4 保鲜花很漂亮地整理成束了。

保鲜花

所谓的保鲜花，就是采用一种特殊技术，对鲜花进行加工制作而成的。这种新技术可以让鲜花的颜色、形状完全保持下来，供长时间欣赏。比起仿真花而言，保鲜花更加精细、逼真，因此常用于婚礼或者聚会等隆重场合。保鲜花需要避开阳光直射和高温潮湿的环境，一般存放在密封的容器里。

仿真花

仿真花，主要是采用布或塑料等制作的类似真花的一种花。比起保鲜花而言，制作简单、结实耐用，常用于眼饰、房间等的装饰。不仅有单独的一朵花，还有各种风格的组合花束。比较适用于制作有存在感、有分量的作品。

相思豆

常用于耳钉等小物件的制作，小小的一朵花就增添了作品的美感。花束比较适用于制作大一点的作品。

仿真花

迷你玫瑰花束

玫瑰作为主花，添加几种配花制作而成的仿真花束。制作大一点的作品时，非常能增加其华丽感。

蓟

适用于非常雅致的作品。

含羞草

无论形状还是颜色，均非常可爱。适用于制作小巧玲珑的作品。

蜡菊

为淡色系的作品增添些许朝气，蜡菊再合适不过了。

通草玫瑰

采用通草加工而成的玫瑰，与一般的布花、仿真花有着不一样的质感。

大星芹

质朴感觉的大星芹，能为花束带来原野的天然美感。

◆ 仿真花茎部的制作方法

1 把需要的花的茎部留出1cm左右之后剪掉。

2 花的底部缠上仿真花用铁丝后，把铁丝与花的茎部整理顺滑。

3 从花的底部开始，缠上扎花胶带，一直缠到铁丝的末端。

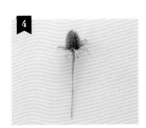

4 仿真花茎部的制作完成。

装饰配件的使用方法

固定装饰配件之后，饰品的质感瞬间提升了。
点缀一些淡色系的装饰物，能提升饰品的时尚度。

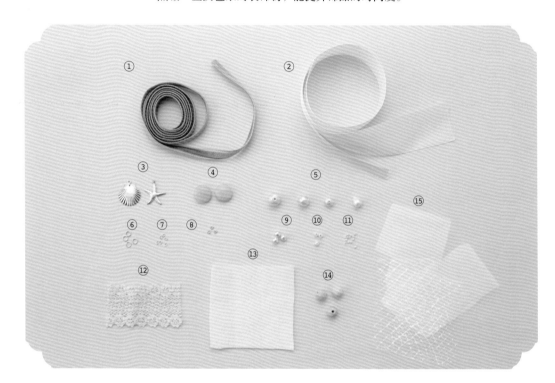

① **天鹅绒丝带**
本书作品中，使用宽6mm或宽25mm的丝带。一般用来装饰花束的握柄或者作为花冠的丝带。

② **缎带**
本书作品中，使用宽13mm或宽36mm的缎带，能提升作品的质感。

③ **贝壳金属配件、海星金属配件**
用来提升作品的美感。

④ **圆形天然石**
本书作品中，使用直径16mm的天然石，和布花形成鲜明的对比。

⑤ **棉花珍珠**
本书作品中，使用直径14mm、12mm、8mm的棉花珍珠，提升作品的优雅精致感。

⑥ **圆环**
本书作品中，使用直径5mm的圆环。用钳子展开来连接各个部件。

⑦ **C形环**
本书作品中，使用0.5mm(粗细)×2mm(内直径)×3mm(外直径)的C形环。用钳子展开来连接各个部件。

⑧ **花形扁平珠**
金黄色的花形珠子。用于各个部件之间，增添美感。

⑨ **单孔珍珠**
本书作品中，使用直径6mm的单孔珍珠。可用于耳饰或项链。

⑩ **珍珠**
本书作品中，使用直径6mm的珍珠。细节部分用上珍珠可增添作品的华丽感。

⑪ **淡水珍珠**
本书作品中，使用直径1mm和3mm的淡水珍珠。比一般的珍珠坚硬、结实，比较适合饰品的制作。

⑫ **蕾丝**
安装金属配件时，一般把蕾丝粘贴在布花或者保鲜花的下面作为底座来使用。

⑬ **不织布**
安装金属配件时，一般把不织布粘贴在布花或者保鲜花的下面作为底座来使用。

⑭ **木串珠**
本书作品中，使用直径10mm的木串珠，增添作品的休闲感。

⑮ **绢网**
在布花或者保鲜花的下面装饰上绢网，能提升作品的柔美感。

◆ 缎带、绢网的折叠方法

1 如图从缎带顶端5cm处折叠。重复进行。

2 折叠成四五层之后，如图在缎带内侧涂上热熔胶，固定缎带。

3 绢网也和缎带一样重复折叠。涂上热熔胶后，用钳子摁住固定粘贴绢网。

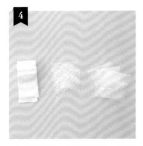

4 根据装饰配件的安装位置，折叠方法也可相应地变化。

◆ 环形镂空金属垫片和珍珠的组合方法

1 把天蚕丝线穿进环形镂空金属片的内孔。天蚕丝线的另一端系到定位珠上。

2 把珍珠如图穿进金属垫片的天蚕丝线上，宽度大约一致。然后从正面往背面把天蚕丝线穿进步骤**1**中入线的孔对面的外侧的孔里。

3 注意珍珠横着穿的位置，再次从背面穿进内孔穿进天蚕丝线，重复步骤**2**。

4 大小不一的珍珠排列在一起，做出非常有立体感的作品。

◆ 带边框的饰针与绣球花的组合方法

1 金色铜丝(参见p.53)穿上珍珠。然后铜丝对折，从正面穿进花片中央的孔里。

2 留出2mm左右，用钳子剪掉多余的铜丝。

3 铜丝的顶端如图沿着花瓣，用手指弄弯。

4 铜丝部分涂上热熔胶，粘贴到带边框的饰针的不织布上，即完成。

金属配件的固定方法

把布花加工成饰品，需要用到各种各样的金属配件。
尝试制作一些仅仅通过黏合剂粘贴固定的简单作品吧！

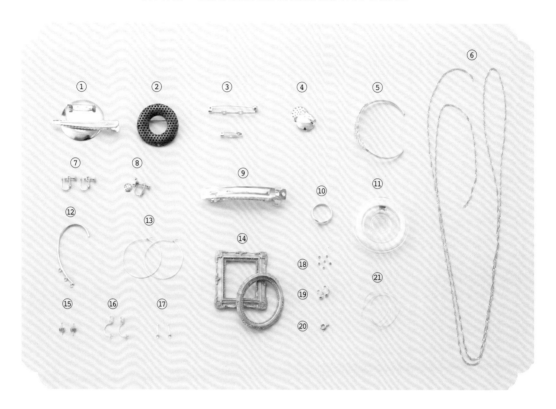

① 带圆盘的两用饰针（圆盘直径33mm／带夹子）

② 环形镂空金属垫片（甜甜圈形状／直径38mm）

③ 别针（46mm、20mm）

④ 镂空圆片（直径15mm）

⑤ 手镯（带垫圈）

⑥ 链子

⑦ 耳夹（带圆夹扣）

⑧ 带网片的耳夹（8mm）

⑨ 两用发夹（长8cm）

⑩ 戒指（直径8mm）

⑪ 天蚕丝线

⑫ 耳挂（带3个圆环）

⑬ 圆形耳圈（直径4cm）

⑭ 边框（长方形40mm×55mm，椭圆形短轴40mm、长轴50mm）

⑮ 耳钉（带圆片）

⑯ 半圆形耳钉（带芯）

⑰ 耳钉（仅连接珍珠的那端带芯）

⑱ 定位珠

⑲ 圆环扣

⑳ 拉环（直径5.5mm）

㉑ 金色铜丝

◆ 使用热熔胶枪的固定方法

1 在金属配件上涂上热熔胶，饰针比较细小，注意不要烫伤了。

2 粘贴到作品的背面。大部分作品都可以通过这种方法来粘贴固定金属配件。

◆ 半圆形耳钉（带芯）的固定方法

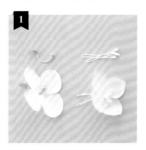

1 准备2片中间带孔的相同花片。一片把珠光花蕊插进去，另一片把耳钉的芯部插进去。

2 耳钉的芯部涂上热熔胶，然后把插有珠光花蕊的花片重叠到上面，粘贴固定。

◆ 耳钉（带圆片）的固定方法

1 准备2片和作品大小相符的叶子。其中1片如图用锥子打孔。

2 把耳钉从正面（颜色比较浓的一面）插进孔里。

3 插好之后，圆片部分涂上热熔胶。

4 把另一片叶子如图错开粘贴到上面，耳饰底座制作完成。可以在叶子上面装饰自己喜爱的布花。

◆ 耳夹（带圆夹扣）的固定方法

1 在布花的中央涂上热熔胶。

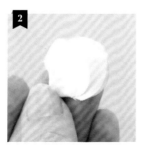

2 如图折为4层，用手摁住布，防止花瓣散开，通过热熔胶粘贴固定。

3 在圆片上涂上热熔胶，然后把圆片放进第1片和第2片花瓣之间，粘贴固定。

4 底座制作完成。然后装饰保鲜花或者仿真花完成作品。

◆ 布花与链子的连接方法

1 在布花的中央用锥子打孔。把穿有铜珠的T形针从正面穿过去。

2 把步骤**1**的制品翻到背面，如图把T形针的底部用钳子弯成圆形。

3 把T形针穿到离链子顶端1cm处的1个环里。

4 用钳子把T形针多余的部分剪掉，剩余部分稍微整理成圆形。注意间隔地把其他花穿到链子上。

◆ 定位珠和圆环扣的固定方法

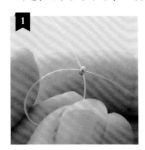

1 把天蚕丝线的两端都穿进定位珠里，把天蚕丝线做出一个环。

2 拉紧天蚕丝线两端，把定位珠固定到天蚕丝线上。

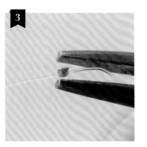

3 用钳子夹住定位珠，捏平。使之成为圆环扣的缓冲挡物。

4 圆环扣穿过天蚕丝线，定位珠放进圆环扣中，隐藏起来。用钳子把圆环扣的下部捏成球形。

5 圆环扣安装完成。通过圆环扣可以把各个部件连接起来。

6 通过圆环扣把链子与珍珠连接制作而成的作品。

◆ 蕾丝底座的固定方法

1 有的饰品需要使用蕾丝底座，把金属配件放在蕾丝上，需要粘贴固定的金属部分涂上热熔胶。

2 如图蕾丝对折，粘贴固定好之后，底座制作完成。然后在蕾丝上面粘贴上布花。

花束的制作要点

把喜爱的花做成花束，漂亮极了。
用铁丝扎起来，再用丝带装饰，会非常可爱。

◆ 缠绕丝带的方法

1 做好的花束用丝带装饰茎部。用钳子把茎多余的部分剪掉。

2 如图从茎的中间开始，把丝带竖着放，包裹着茎。

3 为了能够横向缠绕，丝带正面折叠成三角形，逆时针方向缠绕。

4 朝下一圈一圈地缠绕。

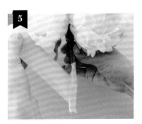

5 当缠到茎的最下端时，再向上按照上述方法缠绕。

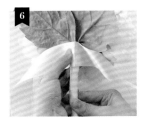

6 缠到叶子的根部时，如图在叶子的背面用黏合剂粘贴固定，注意丝带不要拧了。

7 用剪刀剪开环形的丝带，两边长度基本相同。

8 花束的底部系上一些细丝带，花束制作完成。

◆ 增强花束立体感的方法

1 把适量的花扎成束，紧紧拿着花的根部，这成为花束的茎，通过调整加花时的位置和角度，增强花束的立体感。

2 把要加的花的茎如图垂直放在花的根部。更能增强立体感。

3 紧紧地捏着花的根部，把加的花的茎沿着花束的茎折叠弯曲。其他花按照上述方法添加上去。

4 最后放上叶子，整理好，用铁丝缠绕固定。

花冠的制作要点

花冠的组合方法和其他饰品的组合方法稍微有点不同，
需要把部件一个一个均衡地重叠组合下去。

◆ 贝壳金属配件的制作方法

把贝壳金属配件组装到花冠上。在贝壳金属配件的圆环里穿上仿真花用铁丝，对折之后拧转。

一直拧到末端，然后从贝壳底部缠上扎花胶带。

◆ 绣球花的组合方法

把花冠用的4朵绣球花扎成束。根据布花的制作方法，准备好4朵做好的绣球花，把珠光花蕊并到一起。

珠光花蕊上缠上仿真花用铁丝，然后从底部再缠上扎花胶带，茎制作完成。提前制作好所需数量的绣球花。

◆ 花和金属配件的连接方法

组合花冠。把第1枝花的茎上缠上扎花胶带，接着把下一枝花的茎放到胶带上，两枝花一起缠。

重复步骤**1**，把花组合连接起来。这里展示的是不同的花连接在一起，如果相同的花组合到一起，做成一种纯色系的花冠也很漂亮。

组合的过程中，把金属配件也加入其中。注意选择位置，不要在花冠的正前方。

所有的部件固定之后，留出2cm左右的铁丝，然后缠上扎花胶带。

◆ 丝带的固定方法

固定丝带，连接花冠。在最后的花的底部1cm处用钳子剪掉多余的茎。

用丝带如图裹着茎部，用扎花胶带缠绕固定丝带。

另一端也按照相同的方法固定丝带。

丝带打成蝴蝶结，花冠制作完成。佩戴时，把丝带解开，然后根据头围再系上。

本书作品的材料与制作方法

接下来，介绍一下本书作品使用的材料及制作方法。

作为主花的布花的制作方法可以参见 p.34 ~ p.40。

搭配仿真花、保鲜花，组合成自己喜欢的饰品吧。

〈部分新材料的使用方法〉

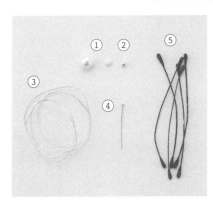

① 珍珠
花芯用（直径2mm、4mm），
搭配金色铜丝一起使用。
② 铜珠
花芯用（直径2mm），
搭配金色铜丝一起使用。
③ 金色铜丝
用来将花芯用的珍珠和铜珠固定到布花上。
④ T形针
可将花芯用的铜珠固定到布花上，
尾端弄成圆形，可连接到链子上。
⑤ 水滴形珠光花蕊
用于雄蕊的制作。

〈制作的注意事项〉

· 制作方法没有特别说明的情况下，参照"布花的制作方法"，完成想要的花的形状。
· 布花纸样 Ⓐ ~ Ⓤ 参见p.77 ~ p.79。
· "染料"配色比例（绿色1：蓝色1），2.5 g染料需要约200 mL热水，制作2种颜色的染液。然后
　在此基础上，制作所需的染液（参见p.42、p.43）。
· 制作直接使用布颜色的花时，不再标明仿真花染料。
· 各个作品当中仿真花用铁丝的尺寸，没有特别说明的情况下，均为30号。
· 各个作品当中扎花胶带的颜色，没有特别说明的情况下，均为苔绿色。
· 各个作品都会用到黏合剂，故材料中不再一一列出。

01

Mixed Flower Bouquet

彩色花束

（彩图见 p.7）

◆ **布花的材料**

马蹄莲 ·· **2 朵**（**制作方法见 p.35**）
　花瓣用布（真丝缎 10 号 / 11cm×9cm）
　　　　　　　　　　　　　　　　　　纸样 Ⓣ　4 块
　花芯用布（天鹅绒 9cm×3cm）········· 纸样 Ⓤ　2 块
　花瓣仿真花染料 ·· 蓝色
　花芯用棉片（宽 1cm× 长 5cm× 厚 0.2cm）
　　　　　　　　　　　　　　　　　　　　　　 2 块
　仿真花用铁丝（24 号）································· 2 根
　扎花胶带（绿色）·· 适量

太阳花 ·· **1 朵**（**制作方法见 p.30**）
　花瓣用布（府绸 / 最大 13cm×13cm）
　　　　　　　　　 纸样 Ⓐ　2 块、Ⓑ　2 块、Ⓒ　4 块
　花蕊用布（天鹅绒 / 4cm×4cm）···················· 1 块
　花蕊染料 ······························· 黄色 1：绿色 1
　扁圆珠光花蕊（黄色）································· 1 束
　仿真花用苯乙烯圆球 ··································· 1 个
　仿真花用铁丝（24 号）································· 1 根
　扎花胶带（绿色）·· 适量

康乃馨 ·· **2 朵**（**制作方法见 p.38**）
　花瓣用布（薄丝绸 / 10cm×10cm）
　　　　　　　　　　　　　　　　　　纸样 Ⓠ　20 块
　花瓣染料 ················· 紫红色 1：绿色 1：黄色 1
　仿真花用铁丝（24 号）································· 2 根
　扎花胶带（绿色）·· 适量

大丽花 ·· **1 朵**（**制作方法见 p.34**）
　花瓣用布（府绸 / 最大 13cm×13cm）
　·········· 纸样 Ⓙ　5 块、Ⓚ　3 块、Ⓛ　1 块、Ⓜ　3 块

　花瓣染料 ·············· 紫红色 1：绿色 1：黄色 1
　仿真花用苯乙烯圆球 ··································· 1 个
　仿真花用铁丝（24 号）································· 1 根
　扎花胶带（绿色）·· 适量

鬼灯檠 ·· **2 朵**（**制作方法见 p.40**）
　花瓣用布（纯棉布 / 8cm×8cm）····· 纸样 Ⓡ　6 块
　花芯用布（纯棉布 / 4.5cm×4.5cm）- 纸样 Ⓢ　4 块
　花瓣染料（晕染）
　　　　　　　 基础色 / 绿色 1：茶色 1：黄色 1/3
　　　　　　　 （所有染料混合之后，稀释 3 倍）
　　　　　　　　　　　　　晕染 / 紫色 1：蓝色 1
　花芯染料 ·· 黑色
　扁圆珠光花蕊（紫色）······························· 0.5 束
　线形珠光花蕊（白色）······························· 0.5 束

叶子 ·· **3 片**（**制作方法见 p.41**）
　仿真花用皮革布（绿色）············· 纸样 Ⓟ 大　6 块
　仿真花用铁丝（24 号）································· 3 根

◆ **所需仿真花**

含羞草 ··· 3 枝
蓟 ·· 3 枝
大星芹 ··· 2 枝

◆ **其他材料**

仿真花用铁丝 ·· 1 根
天鹅绒丝带（米粉色 / 宽 6mm）
　　　　　　　　　　　　　　　　　　　　　　　 3m
天鹅绒丝带（米粉色 / 宽 25mm）
　　　　　　　　　　　　　　　　　　　　　　　 1m

制作方法

❶ 预先准备好仿真花（参见 p.45）。

❷ 把 3 片叶子稍微错开用黏合剂粘贴。

❸ 根据含羞草、大星芹、蓟的高度，把这些仿真花重叠好之后，用手拿着。

❹ 在步骤❸制品的中央配置马蹄莲，马蹄莲的左边放上鬼灯檠，右边和左下方配置康乃馨。

❺ 下方的康乃馨左边摆上太阳花，右边摆上大丽花。

❻ 把下方 3 朵布花的铁丝向内弯曲折叠。

❼ 步骤❻制品的后面配置步骤❷的叶子。比刚才 3 朵布花稍高的部分用仿真花用铁丝缠上。

❽ 手拿的部分用天鹅绒丝带（宽 25mm），从下缠到茎的根部（参见 p.51）。

❾ 把丝带的顶端用黏合剂粘贴到底部，用剪刀剪开环形丝带，两边长度基本相同。

❿ 把天鹅绒丝带（宽 6mm）折成 3 层，做成 1m 的长度，固定到底部，打结，完成。

Point
从正面看，非常有立体感。从侧面看，也很立体。花的组合稍微松散一点，有种让人想要摘下鲜花的感觉。

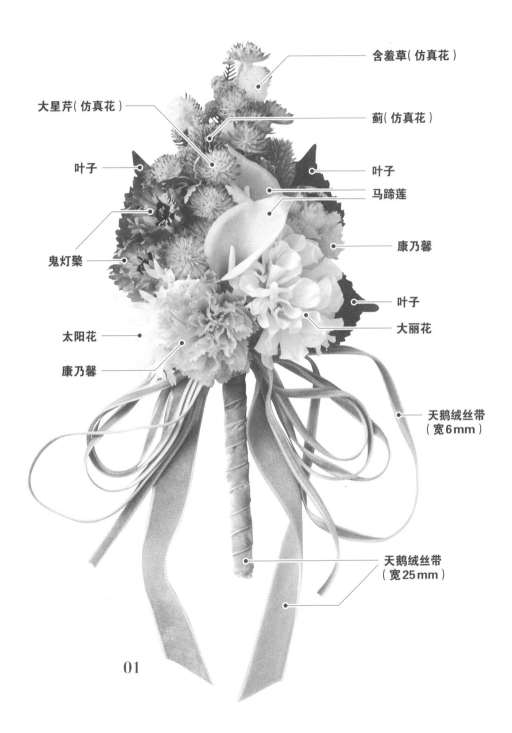

含羞草（仿真花）

大星芹（仿真花）

蓟（仿真花）

叶子

叶子

马蹄莲

康乃馨

鬼灯檠

叶子

太阳花

大丽花

康乃馨

天鹅绒丝带
（宽6mm）

01

天鹅绒丝带
（宽25mm）

55

02

Dahlia Corsage with Tulle Lace

大丽花绢网胸花

（彩图见 p.8）

◆ **布花的材料**

大丽花 ·······························**1朵（制作方法见 p.34）**
花瓣用布（府绸 / 最大13cm×13cm）
·······纸样 Ⓙ 5块、Ⓚ 3块、Ⓛ 1块、Ⓜ 3块
花瓣染料 ·······紫红色1.3：绿色1：黄色1
仿真花用苯乙烯圆球直径10mm ·················1个
仿真花用铁丝 ································1根
叶子 ······························**1片（制作方法见 p.41）**
仿真花用皮革布（绿色 / 16.5cm×12cm）
·······························纸样 Ⓟ大 2块

◆ **所需保鲜花（PF）**

满天星（白色） ···································3枝
满天星（黄色） ···································1枝

◆ **所需仿真花**

迷你玫瑰花束 ···································1组

◆ **其他材料**

带圆盘的两用饰针（圆盘直径33mm / 带夹子）
···1个
绢网（大网眼、小网眼 / 5cm×50cm）·······各1块

02

满天星 / 黄色（PF）

大丽花

迷你玫瑰花束
（仿真花）

绢网
（大网眼）

绢网
（小网眼）

满天星 / 白色（PF）

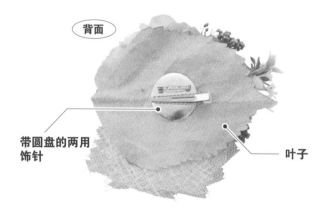

背面

带圆盘的两用
饰针

叶子

制作方法

❶ 预先准备保鲜花（参见 p.44）。把大丽花和叶子的铁丝部分在底部剪掉。

❷ 把两种绢网重叠，网眼错开，折成5层（参见 p.47），然后粘贴到横着的叶子的下部。

❸ 把满天星（白色）向下粘贴到步骤❷的制品上。

❹ 左上方粘贴固定迷你玫瑰花束。

❺ 把大丽花的花瓣散开，粘贴到迷你玫瑰花束的旁边。

❻ 迷你玫瑰花束和大丽花之间的空隙，粘贴上满天星（黄色）。

❼ 在叶子的背面粘贴固定胸花的饰针（参见 p.49），即完成。

> **Point**
> 叶子也可换成蕾丝或者不织布，成品感觉会更柔和。

03、04

Chrysanthemum Corsage

菊花胸花

（彩图见p.9）

03

◆ 布花的材料

菊花 ························· **1 朵（制作方法见 p.38）**
花瓣用布（纯棉布／最大9cm×9cm）
·············· 纸样 Ⓓ 10 块、Ⓔ 3 块、Ⓕ 3 块
花瓣染料 ··········· 紫红色1.3：绿色1：黄色1
仿真花用苯乙烯圆球直径10mm ··········· 1 个
仿真花用铁丝 ······························· 1 根

白车轴草 ·················· **5 朵（制作方法见 p.37）**
花瓣用布（府绸／6cm×6cm）·····纸样 Ⓗ 25 块
花瓣染料 ············ 绿色1：茶色1：黄色1/3
（所有染料混合之后，稀释3倍）

叶子 ························· **1 片（制作方法见 p.41）**
仿真花用皮革布（绿色／11.5cm×8.5cm）
···························· 纸样 Ⓟ 中 2 块

◆ 所需保鲜花（PF）

满天星（黄色）······························· 1 枝

◆ 其他材料

胸花别针（46mm）··························· 1 个

04

◆ 布花的材料

菊花 ························· **1 朵（制作方法见 p.38）**
花瓣用布（纯棉布／最大9cm×9cm）
···························· 纸样 Ⓔ 10 块、Ⓕ 3 块
花瓣染料 ··········· 紫红色1.3：绿色1：黄色1
仿真花用苯乙烯圆球 ························· 1 个
仿真花用铁丝 ······························· 1 根

白车轴草 ·················· **3 朵（制作方法见 p.37）**
花瓣用布（府绸／6cm×6cm）·····纸样 Ⓗ 15 块
花瓣染料 ············ 绿色1：茶色1：黄色1/3
（所有染料混合之后，稀释3倍）

叶子 ························· **1 片（制作方法见 p.41）**
仿真花用皮革布（绿色／9cm×6.5cm）
···························· 纸样 Ⓟ 小 2 块

◆ 所需保鲜花（PF）

满天星（黄色）····························· 1/3 枝

◆ 其他材料

胸花别针（46mm）··························· 1 个

03

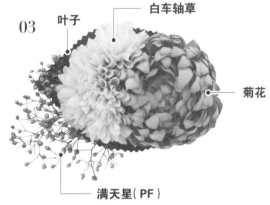

叶子　白车轴草

菊花

满天星（PF）

制作方法

通用

❶ 预先准备保鲜花（参见p.44）。把菊花、白车轴草的铁丝部分在底部剪掉。

❷ 把叶子横着放，然后在左下方把满天星朝下粘贴上。

❸ 叶子的右边粘贴上菊花。

❹ 左边粘贴上白车轴草，呈椭圆形。

❺ 叶子的背面粘贴胸花别针（参见p.49），即完成。

04

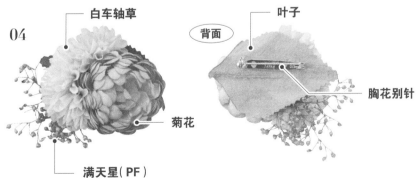

白车轴草

菊花

满天星（PF）

背面　叶子

胸花别针

05、06

Blue Flower Crown & Wristlet

蓝色系花冠及腕饰

（彩图见 p.10 ）

05

◆ 布花的材料

绣球花 ······························ **44 朵**（ 制作方法见 **p.36** ）

　　ⓑ：花瓣用布（ 纯棉布 / 6cm×6cm ）

　　　···················· 纸样Ⓞ大　44 块

花瓣染料 ··············· 绿色 1：茶色 1：黄色 1/3

　　　（ 所有染料混合之后，稀释 3 倍 ）

扁圆珠光花蕊（ 白色 ）·························· 44 根

◆ 所需保鲜花（ PF ）

绣球花（ 蓝色、白色 ）······················ 各 1.5 株

满天星（ 白色 ）·································· 2 枝

◆ 其他材料

仿真花用铁丝·········· 13 根（ 剪成 10cm，剪 39 根 ）

天鹅绒丝带（ 蓝色 / 宽 6mm ）··············· 1m×2 根

贝壳金属配件 ···································· 2 个

海星金属配件 ···································· 4 个

喜爱的贝壳 ···································· 适量

棉花珍珠（ 直径 8mm ）························ 2 颗

扎花胶带（ 白色 ）······························ 适量

06

◆ 布花的材料

绣球花 ······························ **20 朵**（ 制作方法见 **p.36** ）

　　ⓑ：花瓣用布（ 纯棉布 / 6cm×6cm ）

　　　···················· 纸样Ⓞ大　20 块

花瓣染料 ··············· 绿色 1：茶色 1：黄色 1/3

　　　（ 所有染料混合之后，稀释 3 倍 ）

扁圆珠光花蕊（ 白色 ）·························· 20 根

◆ 所需保鲜花（ PF ）

绣球花（ 蓝色、白色 ）······················ 各 0.5 株

满天星（ 白色 ）·································· 0.5 枝

◆ 其他材料

仿真花用铁丝·········· 6 根（ 剪成 10cm，剪 18 根 ）

天鹅绒丝带（ 蓝色 / 宽 6mm ）··············· 50cm×2 根

贝壳金属配件 ···································· 1 个

海星金属配件 ···································· 2 个

喜爱的贝壳 ···································· 适量

棉花珍珠（ 直径 8mm ）························ 2 颗

扎花胶带（ 白色 ）······························ 适量

制作方法

❶ 预先准备好保鲜花（ 参见 p.44 ）、金属配件（ 参见 p.52 ）。

❷ 把 4 朵布花绣球花做成 1 束，珠光花蕊上缠上仿真花用铁丝，
整合到一起（ 花冠 11 束，腕饰 5 束 ）。

❸ 按照步骤❷的制品、绣球花（ PF / 蓝色 ）、绣球花（ PF / 白色 ）
的顺序，用扎花胶带把花和铁丝部分固定到一起。中途，均衡
地把金属配件和满天星也固定上。

❹ 所有的花固定后，两端粘贴上天鹅绒丝带，粘贴部分缠上扎
花胶带。

❺ 贝壳和棉花珍珠均衡固定好后，即完成。

Point1

金属配件和其他部件交叉均衡配置。

Point2

花冠的正中央（ 佩戴时额头处 ）不能固定金属配
件。

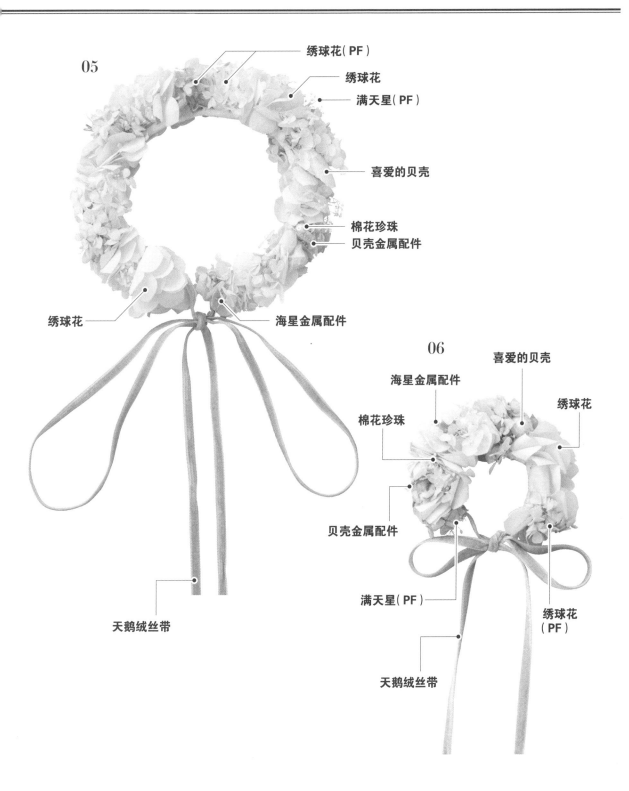

05

绣球花（PF）

绣球花

满天星（PF）

喜爱的贝壳

棉花珍珠

贝壳金属配件

绣球花

海星金属配件

天鹅绒丝带

06

海星金属配件

喜爱的贝壳

绣球花

棉花珍珠

贝壳金属配件

满天星（PF）

绣球花（PF）

天鹅绒丝带

07、08

Frame
Brooch
带边框的饰针

（彩图见p.12）

07

◆ 布花的材料

| **勿忘草** ················· **2 朵**（制作方法见 **p.37**） |
| ⓑ：花瓣用布（纯棉布 / 3cm×3cm） |
| ···················· 纸样ⓖ 2 块 |
| 花瓣染料 ········· 绿色1：茶色1：黄色1/3 |
| （所有染料混合之后，稀释3 倍） |
| 珍珠（直径2mm） ···················· 2 颗 |
| 金色铜丝 ···························· 约10cm |

| **绣球花** ················· **2 朵**（制作方法见 **p.36**） |
| ⓑ：花瓣用布（天鹅绒 / 4.5cm×4.5cm） |
| ···················· 纸样ⓞ小 2 块 |
| 花瓣染料 ········· 绿色1：茶色1：黄色1/3 |
| （所有染料混合之后，稀释3 倍） |
| 珍珠（直径2mm） ···················· 2 颗 |
| 金色铜丝 ···························· 约10cm |

| **白车轴草** ··············· **1 朵**（制作方法见 **p.37**） |
| 花瓣用布（纯棉布 / 6cm×6cm）···· 纸样ⓗ 5 块 |
| 花瓣染料 ········· 绿色1：茶色1：黄色1/3 |
| （所有染料混合之后，稀释3 倍） |
| 仿真花用铁丝 ···························· 1 根 |

◆ 所需保鲜花（PF）

| 绣球花（白色） ·············· 少量 |
| 满天星（白色） ·············· 少量 |
| 文心兰（白色） ·············· 少量 |

◆ 所需仿真花

| 通草玫瑰 ···························· 1 朵 |

◆ 其他材料

| 边框（4cm×5.5cm的长方形） ·········· 1 个 |
| 别针（20mm） ···························· 1 个 |
| 不织布（白色 / 4cm×5.5cm的长方形） ······· 1 块 |
| 棉花珍珠（直径8mm） ···················· 1 颗 |

07

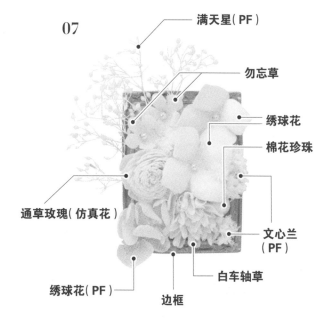

满天星（PF）

勿忘草

绣球花

棉花珍珠

通草玫瑰（仿真花）

文心兰
（PF）

白车轴草

绣球花（PF）

边框

制作方法

❶ 把满天星的铁丝部分在底部剪掉。

❷ 参照p.36 的步骤❶～❻制作绣球花，然后在布花的中央用金色铜丝把珍珠固定好。铜丝留出2mm之后剪掉，沿着花瓣折叠弯曲（参见p.47）。

❸ 参见p.37 的步骤❶、❷制作勿忘草，然后在布花的中央用金色铜丝把珍珠固定好。铜丝按照步骤❷的方法处理。

❹ 在边框的背面贴上不织布。

❺ 在边框的正面的左上方，粘贴满天星，仿佛从框内盛开出来一样。

❻ 把步骤❸的勿忘草粘贴在满天星粘贴固定的地方，正好可以把粘贴的部分遮盖住。

❼ 把步骤❷的制品粘贴到边框的中央和右上方。

❽ 在勿忘草的下面粘贴上通草玫瑰，再在通草玫瑰的下面依次粘贴保鲜花绣球花、白车轴草、棉花珍珠。

❾ 把文心兰粘贴在步骤❽制品的空隙处。

❿ 在不织布的背面固定别针，参见p.49，即完成。

> **Point**
> 作为主花的绣球花应朝向正面。其他的花根据
> 需要，朝向外侧，注意朝向均衡。

08

◆ 布花的材料

勿忘草 ····················· **1 朵（制作方法见 p.37 ）**
ⓑ：花瓣用布（纯棉布 / 4cm×4cm ）
······························· 纸样Ⓖ 1 块
花瓣染料 ····················· 绿色1：茶色1：黄色1/3
（所有染料混合之后，稀释3倍）
珍珠（直径2mm ）················· 1 颗
金色铜丝 ························ 约10cm

绣球花 ····················· **6 朵（制作方法见 p.36 ）**
ⓑ：花瓣用布（天鹅绒 / 5cm×5cm ）
············· 纸样Ⓞ小 5 块、Ⓞ大 1 块
花瓣染料（仅限Ⓞ小 1 块）
·················· 绿色1：茶色1：黄色1/3
（所有染料混合之后，稀释3倍）

珍珠（直径2mm ）················· 2 颗
扁圆珠光花蕊（白色）············· 3 根
金色铜丝 ························ 约10cm
仿真花用铁丝 ········· 1 根（剪成 10cm，剪 3 根 ）
扎花胶带（白色）················· 适量

◆ 所需保鲜花（PF）

文心兰（白色）··················· 少量

◆ 其他材料

边框（短轴4cm，长轴5cm的椭圆形 ）··········· 1 个
别针（20mm）···························· 1 个
不织布（白色 / 短轴4cm、长轴5cm的椭圆形 ）
···································· 2 块
棉花珍珠（直径8mm ）··················· 1 颗

08

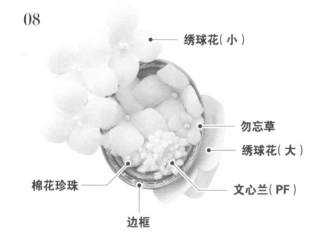

- 绣球花（小）
- 勿忘草
- 绣球花（大）
- 文心兰（PF）
- 棉花珍珠
- 边框

背面

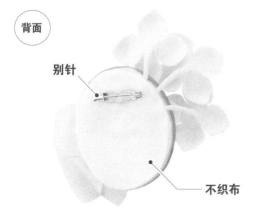

- 别针
- 不织布

制作方法

❶ 参照p.36的步骤❶~❻制作绣球花（小），然后用金色铜丝把珍珠固定到1块染色的花片和1块未染色的花片上。铜丝留出2mm之后剪掉，沿着花瓣折叠弯曲（参见p.47）。

❷ 把3朵绣球花（小）各自的珠光花蕊通过扎花胶带缠上仿真花用铁丝，制作长一点的茎。

❸ 参照p.37的步骤❶、❷制作勿忘草，然后在布花的中央用金色铜丝把珍珠固定好。铜丝按照步骤❶的方法处理。

❹ 在绣球花（大）上涂上热熔胶之后，对折。粘贴到不织布右下方，其中一半如图超出不织布。

❺ 在另一块不织布的左上方，稍微重叠放上步骤❷的茎，然后上面再重叠粘贴步骤❹的不织布。

❻ 把3朵绣球花粘贴到左上方，然后边框的背面粘贴步骤❺的不织布。

❼ 边框正面的上部，斜着粘贴2朵步骤❶的绣球花，然后下面依次粘贴步骤❸的勿忘草、文心兰、棉花珍珠，填补空隙。

❽ 在背面的不织布上固定别针，参见p.49，即完成。

┌─────────────────────────┐
Point1
使用仿真花用铁丝，制作出有立体感的绣球花。

Point2
粘贴布花时稍微超出框沿，立体感更强。
└─────────────────────────┘

Hydrangea & Natural Stones Pierced Earring

绣球花、天然石耳饰

（彩图见 p.13）

◆ 布花的材料

绣球花 ·· **10 朵（制作方法见 p.36）**
ⓑ：花瓣用布（纯棉布 / 4.5cm×4.5cm）
·································· 纸样◎小 6 块
ⓑ：花瓣用布（天鹅绒 / 4.5cm×4.5cm）
·································· 纸样◎小 4 块
花瓣染料 ········· 09 = 黄色、10 = 紫色、11 = 绿色
扁圆珠光花蕊（白色）··························· 10 根
白车轴草 ·· **2 朵（制作方法见 p.37）**
花瓣用布（纯棉布 / 5cm×5cm）··纸样Ⓗ 10 块
花瓣染料 ················· 绿色 1：茶色 1：黄色 1/3
（所有染料混合之后，稀释 3 倍）
叶子 ·· **4 片（制作方法见 p.41）**
仿真花用皮革布（绿色 / 6cm×4.5cm）
·································· 纸样Ⓟ极小 2 块
仿真花用皮革布（浅绿色 / 6cm×4.5cm）
·································· 纸样Ⓟ极小 2 块

◆ 所需保鲜花（PF）

满天星（白色）······································· 少量

◆ 其他材料

耳钉（带圆片、耳堵）························· 2 个（1 组）
圆形天然石（直径 16mm）
09 = 粉红色砂金石 ······························· 2 个
10 = 浅紫水晶 ··································· 2 个
11 = 天河石 ····································· 2 个

※以上材料是 1 组的材料。绣球花的染料和天然石的颜色
最好不同。
※制作方法为右耳饰的制作方法。左耳饰可左右对称采取
同样方法制作。

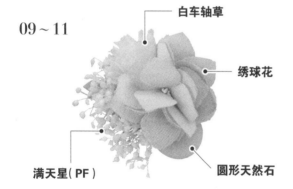

09 ～ 11

白车轴草
绣球花
满天星（PF）
圆形天然石

背面

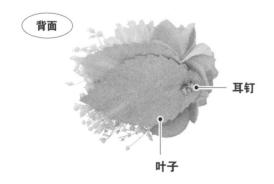

耳钉
叶子

制作方法

❶ 把白车轴草、叶子的铁丝部分在底部剪掉。
❷ 参照 p.36 的步骤❶～❹制作绣球花，依纯棉布 3 朵、天鹅绒 2 朵的顺序重叠，然后插上珠光花蕊。
❸ 在用仿真花用皮革布（浅绿色 / 6cm×4.5cm）制作而成的叶子（使用其中 1 块）的下部，粘贴满天星，如图要超出叶子。
❹ 步骤❸的制品上粘贴 1 朵白车轴草，然后再粘贴步骤❷的绣球花。
❺ 把天然石粘贴到绣球花的下面。
❻ 在用仿真花用皮革布（绿色 / 6cm×4.5cm）制作而成的叶子的底部打孔，安装耳钉（参见 p.49）。
❼ 叶子的顶端稍微错开，把绿色叶子粘贴到浅绿色叶子上，即完成。

Point
花瓣染色时，注意和天然石的颜色搭配协调。

12 ~ 14

Pale Pink
Ear Hook

浅粉色花朵耳挂式耳环

（彩图见 p.15）

◆ 布花的材料

12 = 大丽花和绣球花（制作方法见 p.34、p.36）

大丽花花瓣用布（府绸 / 13cm×13cm）

　　　　　　　　　　　　　　——— 纸样 Ⓙ　1 块

ⓐ：绣球花花瓣用布（纯棉布 / 4.5cm×4.5cm）

　　　　　　　　　　　　——— 纸样 Ⓞ小　2 块

花瓣染料（大丽花、绣球花通用）

　　　　　紫红色 1.3：绿色 1：黄色 1

　　　　　（所有染料混合之后，稀释 1.5 倍）

扁圆珠光花蕊（白色）————————— 2 根

线形珠光花蕊（白色）————————— 3 根

13 = 太阳花（制作方法见 p.30）

花瓣用布（纯棉布 / 最大 9cm×9cm）

　　　　　　　　　　——— 纸样 Ⓓ、Ⓕ　各 2 块

花瓣染料

太阳花（Ⓓ）——— 紫红色 1.3：绿色 1：黄色 1

　　　　　（所有染料混合之后，稀释 1.5 倍）

太阳花（Ⓕ）（晕染）

　　——— 基础色 / 紫红色 1.3：绿色 1：黄色 1

　　　　　（所有染料混合之后，稀释 1.5 倍）

　　——— 晕染 / 紫红色 1.3：绿色 1：黄色 1

扁圆珠光花蕊（白色）————————— 2 根

线形珠光花蕊（白色）————————— 3 根

14 = 紫罗兰和绣球花（制作方法见 p.36）

ⓐ：紫罗兰花瓣用布（天鹅绒 / 8cm×8cm）

　　　　　　　　　　——— 纸样 Ⓝ大　2 块

ⓐ：绣球花花瓣用布（纯棉布 / 4.5cm×4.5cm）

　　　　　　　　　　——— 纸样 Ⓞ小　2 块

花瓣染料

紫罗兰 ————— 紫红色 1.3：绿色 1：黄色 1

绣球花（晕染）

　　——— 基础色 / 紫红色 1.3：绿色 1：黄色 1

　　　　　（所有染料混合之后，稀释 1.5 倍）

　　——— 晕染 / 紫红色 1.3：绿色 1：黄色 1

扁圆珠光花蕊（白色）————————— 2 根

线形珠光花蕊（白色）————————— 3 根

◆ 所需保鲜花（PF）

绣球花（白色、榛子色）————————— 各少量

满天星（白色、黄色）————————— 各少量

◆ 其他材料

耳挂 ————————————————— 1 个

蕾丝（2.5cm×4cm）————————— 1 条

※ 以上均为 1 只耳环的材料。可更换布花尝试制作不同的饰品。

※ 以作品 14 为例详细说明制作方法。作品 12 和作品 13 可参照彩图进行制作。

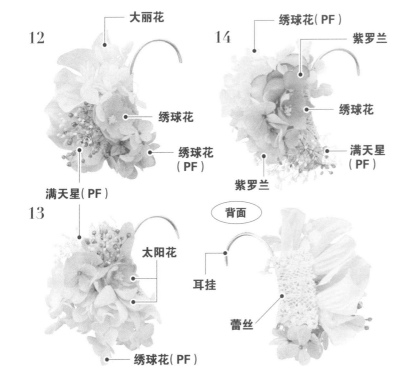

12

大丽花

绣球花

绣球花（PF）

满天星（PF）

13

太阳花

绣球花（PF）

14

绣球花（PF）

紫罗兰

绣球花

满天星（PF）

紫罗兰

背面

耳挂

蕾丝

制作方法

❶ 把蕾丝粘贴到耳挂的背面（参见 p.50）。

❷ 参见 p.36 的步骤❶、❷制作紫罗兰，然后涂上热熔胶，对折（大丽花参见 p.34 的步骤❶~❼，太阳花进行到烫压的步骤，然后对折）。粘贴到蕾丝下方 2/3 处。

❸ 上方从耳挂处开始依次粘贴绣球花（PF/白色），粘贴成半圆形。

❹ 步骤❸制品的下方粘贴绣球花（PF/榛子色），再往下方粘贴满天星，花都朝向下方。

❺ 参照 p.36 的步骤❶~❹制作绣球花，把绣球花的 2 片花片重叠穿上 2 种类型的珠光花蕊，留出 2mm 之后剪掉。

❻ 把步骤❺的制品粘贴到步骤❹制品的中央，即完成。

15

Pale Green
Necklace

浅绿色绣球花珍珠项链

（彩图见 p.16）

◆ **布花的材料**

绣球花 ··········	**28 朵（制作方法见 p.36）**

ⓑ：花瓣用布（纯棉布 / 最大 6cm×6cm）
　　············· 纸样◎中 4 块、◎大 10 块
ⓑ'：花瓣用布（天鹅绒 / 最大 6cm×6cm）
　　············· 纸样◎中 4 块、◎大 10 块
花瓣染料（晕染）
　　············· 基础色 / 绿色 1：茶色 1：黄色 1/3
　　　　（所有染料混合之后，稀释 3 倍）
　　················· 晕染 / 黄色 1：绿色 1
铜珠（直径 2mm）················· 14 颗
T 形针（直径 0.6mm，长 30mm）········· 14 根

◆ **其他材料**

天蚕丝线 ·································· 约 15cm
棉花珍珠（直径 14mm）··················· 4 颗
棉花珍珠（直径 12mm）··················· 2 颗
木串珠（直径 10mm）···················· 2 颗
圆环扣 ···································· 2 个
定位珠（直径 1.5mm）··················· 2 颗
链子 ···································· 约 35cm
　　┌ 圆环（直径 5mm）··············· 1 个
A　│ C 形环（0.5mm×2mm×3mm）······· 2 个
　　└ 拉环（直径 5.5mm）··············· 1 个

15

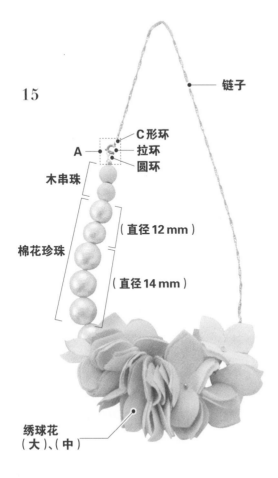

链子

C 形环
拉环
圆环

A

木串珠

（直径 12 mm）

棉花珍珠

（直径 14 mm）

绣球花
（大）、（中）

制作方法

※ 各个部件的详细安装方法参见 p.50。

① 参照 p.36 的步骤 ❶~❹ 制作绣球花，T 形针上依次穿上铜珠、纯棉布布花、天鹅绒布花。中号与中号 2 片重叠共 4 组，大号与大号 2 片重叠共 10 组。把 T 形针的尾端用钳子折弯。

② 天蚕丝线上依次穿上直径 14mm 的棉花珍珠、直径 12mm 的棉花珍珠、木串珠。

③ 天蚕丝线的两端均通过圆环扣和定位珠来处理。

④ 木串珠一侧的圆环扣连接圆环，棉花珍珠一侧的圆环扣通过 C 形环与链子连接。链子的另一端通过 C 形环与拉环连接。

⑤ 在棉花珍珠（直径 14mm）的旁边，把 2 组绣球花（中）连接到到链子上。

⑥ 在球花（中）之后，间隔 1cm 连接 2 组绣球花（大），重复 5 次。最后连接 2 组绣球花（中）。

```
Point
绣球花的朝向不一致，反而更显自然、随意。
```

16、17

Pale Green
Bracelet & Hoop
Pierced Earring

浅绿色手环和大耳圈耳环

（彩图见p.17）

16

◆ **布花的材料**

绣球花 ·· **8 朵（制作方法见 p.36）**

　　ⓑ：花瓣用布（纯棉布 / 6cm×6cm）

　　　　··· 纸样◎大　4 块

　　ⓑ：花瓣用布（天鹅绒 / 6cm×6cm）

　　　　··· 纸样◎大　4 块

花瓣染料（晕染）

　　·························· 基础色 / 绿色 1：茶色 1：黄色 1/3

　　　　　　　　　　　（所有染料混合之后，稀释 3 倍）

　　····························· 晕染 / 黄色 1：绿色 1

铜珠（直径 2mm）·· 4 颗

T 形针（直径 0.6mm，长 30mm）························ 4 根

◆ **所需保鲜花（ PF ）**

绣球花（绿色、白色 ）······························· 各少量

满天星（白色 ）··· 少量

◆ **其他材料**

圆形耳圈（直径 40mm ）························ 2 个（1 组 ）

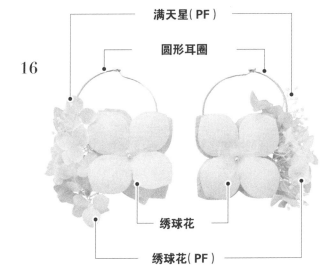

满天星（ PF ）

圆形耳圈

16

绣球花

绣球花（ PF ）

制作方法

❶ 预先准备好保鲜花（参见 p.44 ）。

❷ 参见 p.36 的步骤 ❶ ~ ❹ 制作绣球花，T 形针上依次穿上铜珠、纯棉布布花、天鹅绒布花。2 片重叠，共 4 组。把 T 形针的尾端用钳子折弯（参见 p.50 ）。

❸ 耳圈上穿上 2 组绣球花的 T 形针部分。然后把绣球花的背面固定到一起。

❹ 把 3 种保鲜花，夹到步骤 ❸ 绣球花的中间，粘贴完成。

> **Point**
> 为了遮盖背面，把 2 组布花的背面粘贴到一起，使用保鲜花能增添作品的立体感。

17

◆ **布花的材料**

绣球花 ······················ 28 朵（制作方法见 p.36 ）

　　ⓑ：花瓣用布（纯棉布／最大 5cm×5cm ）
　　　······· 纸样◎中 6 块、◎小 8 块
　　ⓑ：花瓣用布（天鹅绒／最大 5cm×5cm ）
　　　······· 纸样◎中 6 块、◎小 8 块
　　花瓣染料（晕染）
　　　······· 基础色／绿色 1：茶色 1：黄色 1/3
　　　　（所有染料混合之后，稀释 3 倍）
　　　··········· 晕染／黄色 1：绿色 1
铜珠（直径 2mm ）··········· 14 颗
T 形针（直径 0.6mm，长 30mm ）····· 14 根

◆ **其他材料**

链子 ···················· 约 7cm
A　┌圆环（直径 5mm ）··········· 3 个
　　│C 形环（ 0.5mm×2mm×3mm ）······· 2 个
　　└拉环（直径 5.5mm ）··········· 1 个
圆环扣 ····················· 2 个
定位珠（直径 1.5mm ）··········· 2 颗
天蚕丝线 ·················· 约 12cm
棉花珍珠（直径 14mm ）··········· 4 颗
棉花珍珠（直径 12mm ）··········· 2 颗
木串珠（直径 10mm ）··········· 2 颗
缎带（白色／宽 13mm ）········· 约 45cm

17

棉花珍珠
（直径 14 mm ）

棉花珍珠
（直径 12 mm ）

木串珠

绣球花

缎带

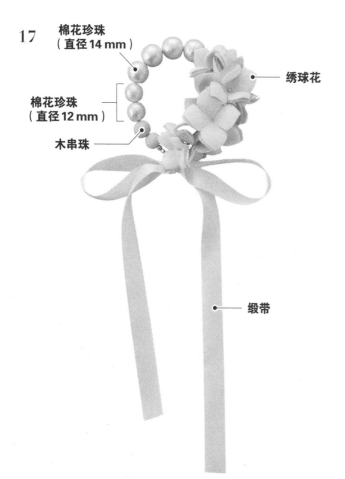

制作方法

❶ 参照 p.36 的步骤 **1**～**4** 制作绣球花，T 形针上依次穿铜珠、纯棉布花、天鹅绒布花。小号与小号 2 片重叠，共 8 组；中号与中号 2 片重叠，共 6 组。把 T 形针的尾端用钳子折弯（参见 p.50 ）。

❷ 天蚕丝线上依次穿直径 14mm 的棉花珍珠、直径 12mm 的棉花珍珠、木串珠。

❸ 天蚕丝线的两端均通过圆环扣和定位珠来处理（参见 p.50 ）。

❹ 木串珠端的圆环扣连接拉环，棉花珍珠端的圆环扣通过 C 形环与链子连接。

❺ 链子的另一端连接 3 个圆环，然后通过 C 形环与拉环连接。

❻ 在棉花珍珠（直径 14mm ）的旁边，把 2 组绣球花（小）连接到链子上（参见 p.50 ）。

❼ 间隔 5mm，连接 2 组绣球花（小）。

❽ 间隔 1cm 连接 2 组绣球花（中），重复 3 次。

❾ 间隔 5mm，连接 2 组绣球花（小），间隔 5mm 再连接 2 组绣球花（小）。

❿ 步骤❺制品的正中间的圆环里穿上缎带，打结，完成。

18、19

Red Small Flowers Brooch & Earring

红色小花首饰套装

（彩图见 p.18）

18

◆ 布花的材料

勿忘草 ························· **10 朵（制作方法见 p.37）**

　　ⓐ：花瓣用布（纯棉布／3cm×3cm）

　　·· 纸样ⓖ 5 块

　　ⓑ：花瓣用布（真丝缎 10 号／3cm×3cm）

　　·· 纸样ⓖ 5 块

　　花瓣染料 ······················ 红色 1：绿色 1/5

　　珍珠（直径 2mm） ···················· 10 颗

◆ 其他材料

环形镂空金属垫片（直径 15mm） ·········· 1 个

淡水珍珠（直径 3mm） ·················· 56 颗

天蚕丝线 ····························· 约 50cm

定位珠（直径 1.5mm） ··················· 2 个

胸花别针 ······························· 1 个

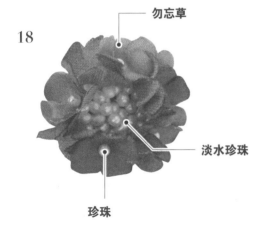

18

勿忘草

淡水珍珠

珍珠

制作方法

❶ 通过穿有定位珠的天蚕丝线（参见 p.50），把淡水珍珠从中央旋涡状、无缝隙地固定到环形镂空金属垫片上（参见 p.47）。

❷ 参见 p.37 的步骤❶、❷制作勿忘草，继续把花片和珍珠穿到步骤❶的天蚕丝线上。

❸ 再次把天蚕丝线穿过同一花片的孔里，固定到垫片上。

❹ 按照真丝缎布花、纯棉布布花的顺序重复步骤❷、❸，把 10 朵花粘贴到淡水珍珠的四周，背面使用带有定位珠的天蚕丝线进行固定。

❺ 把胸花别针安装到垫片上，即完成。

Point1
制作首饰套装时，最好选择和布花相同质感、颜色的装饰配件。饰品一旦改变，需要调整布花、配件的尺寸及设计。

Point2
纯棉布和真丝缎的花重叠使用时，花瓣有种飘逸的感觉。若仅仅使用纯棉布，做出来的花有点枯萎的感觉。反之，仅仅使用真丝缎做出来的花，颜色有点生硬，反而不自然了。

19

以下是 1 对耳饰的所需材料

◆ 布花的材料

勿忘草 ·············· **8 朵（制作方法见 p.37）**
　ⓐ：花瓣用布（纯棉布 / 3cm×3cm）
　　·························· 纸样Ⓖ　4 块
　ⓑ：花瓣用布（真丝缎 10 号 / 3cm×3cm）
　　·························· 纸样Ⓖ　4 块
花瓣染料 ·············· 红色 1：绿色 1/5
珍珠（直径 2mm ）·············· 8 颗

◆ 其他材料

带网片的耳夹（8mm ）········· 2 个（1 组）
淡水珍珠（直径 3mm ）············· 112 颗
天蚕丝线 ·························· 约 1m
水滴形棉花珍珠（最宽处直径 10mm，长 14mm ）··· 2 颗
连接环 ··························· 2 个
T 形针（直径 0.6mm，长 30mm ）········ 2 根
铜珠 ····························· 2 颗
C 形环（0.5mm×2mm×3mm ）········· 2 个
定位珠（直径 1.5mm ）·············· 4 个

19

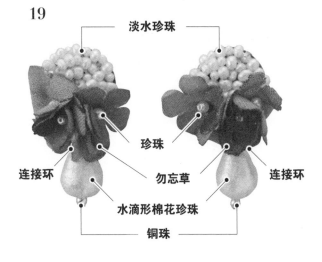

淡水珍珠

珍珠

连接环　　　　勿忘草　　　　连接环

水滴形棉花珍珠

铜珠

制作方法

❶ 通过穿有定位珠的天蚕丝线（参见 p.50 ），把淡水珍珠从中央旋涡状、无缝隙地固定到耳夹的网片上（参见 p.47 ）。天蚕丝线暂时先这样保留。

❷ 参照 p.37 的步骤❶、❷制作勿忘草，继续把花片和珍珠穿到步骤❶的天蚕丝线上。

❸ 再次把天蚕丝线穿过同一花片的孔里，固定到耳夹的网片上。

❹ 按照真丝缎布花、纯棉布布花的顺序重复步骤❷、❸，背面使用带有定位珠的天蚕丝线固定。

❺ 依次把铜珠、棉花珍珠、连接环穿到 T 形针上，把 T 形针的尾端用钳子折弯。

❻ 把步骤❹的制品和步骤❺的 T 形针通过 C 形环连接。固定耳夹之后，即完成。

20、21

Anemone
Pierced
Earring

银莲花耳饰

（彩图见p.19）

◆ **布花的材料**

银莲花 ················· **2 朵（制作方法见 p.36 的绣球花）**
　ⓐ：花瓣用布（天鹅绒／4.5cm×4.5cm）
　　　　　　　　　　　　　　纸样◎小 4 块
　花芯用布（丝绸／4cm×4cm）·············· 2 块
　花瓣染料······20＝红色、21＝绿色1：茶色1：黄色1/3
　　　　　（所有染料混合之后，稀释 3 倍）
　花芯染料 ·················· 20 ＝黑色、21 ＝蓝色
　线形珠光花蕊（20 ＝黑色、21 ＝蓝色）······各 1 束
　仿真花用苯乙烯圆球（直径4mm）··········· 2 个
　仿真花用铁丝 ························· 2 根

◆ **其他材料**（1 组的材料）

耳钉（带芯）·································· 2 个
耳堵（带芯）·································· 2 个
单孔珍珠（直径6mm）························· 2 颗

20、21

单孔珍珠

银莲花

制作方法

❶ 参照 p.36 绣球花的步骤**❶**～**❹**制作银莲花。

❷ 参照 p.30 的基本制作方法，制作银莲花的花芯。

❸ 在步骤❷的花蕊上穿 1 片做好的花片，剪掉多余的铁丝，剪得非常短。

❹ 把耳堵穿过另一片花片的孔里。

❺ 在步骤❸的铁丝部分涂上热熔胶，粘贴步骤❹的制品（参见 p.49）。

❻ 把单孔珍珠固定到耳钉上，即完成。

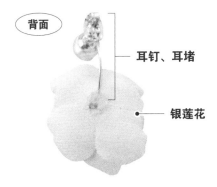

背面

耳钉、耳堵

银莲花

Smoky Blue
Bangle &
Earring
烟蓝色腕饰和耳饰

（彩图见p.20）

22〈右耳耳饰〉

◆ **布花的材料**

绣球花 ··· 5 朵（**制作方法见 p.36**）
　ⓑ：花瓣用布（纯棉布／最大6cm×6cm）
　·································· 纸样◎大 2 块、◎中 2 块
　ⓑ：花瓣用布（天鹅绒／4.5cm×4.5cm）
　······································· 纸样◎小 1 块
　花瓣染料
　·········· 中、小／蓝色1：（黄色1：红色1)1/5
　　　　　　（所有染料混合之后，稀释2倍）
　·········· 大／绿色1：茶色1：黄色1/3
　　　　　　（所有染料混合之后，稀释3倍）

◆ **所需保鲜花（PF）**

满天星（白色、黄色）····························· 各少量
绣球花（白色）······································· 少量
兔尾草（浅蓝色）··································· 1 根
文心兰（花／白色）································· 少量
文心兰（枝／白色）····························· 2cm×2 根

◆ **其他材料**

耳夹（带圆夹扣）··································· 1 个
棉花珍珠（直径8mm）····························· 1 颗

22

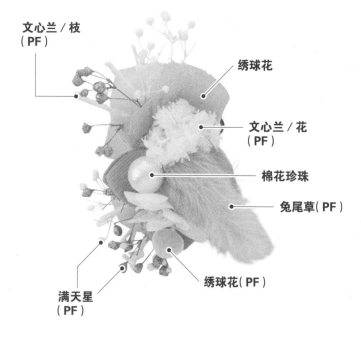

文心兰／枝
（PF）

绣球花

文心兰／花
（PF）

棉花珍珠

兔尾草（PF）

绣球花（PF）

满天星
（PF）

制作方法

❶ 把大1片、中2片、小1片的花片的中央
涂上热熔胶，对折。

❷ 把对折后的中2片和小1片的花片错开地
重叠粘贴到那片大花片上。

❸ 沿着步骤❷的花片边缘，均衡粘贴文心兰
（花）、棉花珍珠、保鲜花绣球花。

❹ 把兔尾草斜着粘贴到步骤❸制品的中央处。

❺ 把文心兰（枝）和2种满天星插到花片中间，
粘贴固定。

❻ 剩余大花片的中央涂上热熔胶，对折两次。
花瓣之间插入耳夹的圆片，粘贴固定（参见
p.49）。

❼ 把步骤❻的制品粘贴到步骤❺制品的背面，
即完成。

23

◆ **布花的材料**

绣球花 ···························· **8 朵（制作方法见 p.36）**
　ⓑ：花瓣用布（纯棉布／最大5cm×5cm）
　　　　　　　　纸样◎中 3块、◎小 4块
　ⓑ：花瓣用布（天鹅绒／4.5cm×4.5cm）
　　　　　　　　　　　　　纸样◎小 1块
花瓣染料 ··············· 蓝色1：（黄色1：红色1）1/5
　　　　　　　（所有染料混合之后，稀释2倍）
铜珠（直径2mm）····························1颗
金色铜丝 ·································1根

◆ **所需保鲜花（PF）**

满天星（白色、黄色）···················各少量
绣球花（白色）·····························少量
兔尾草（浅蓝色）···························1根
文心兰（枝／白色）····················2cm×2根

◆ **其他材料**

手镯 ·······································1个
扁圆珠光花蕊（白色）·······················3根

23

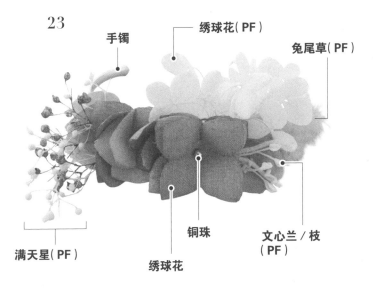

手镯
绣球花（PF）
兔尾草（PF）
铜珠
文心兰／枝（PF）
绣球花
满天星（PF）

制作方法

❶ 把铜珠穿到金色铜丝上，然后参照p.36的步骤❶~❹制作绣球花，依照纯棉布布花（小）、天鹅绒布花（小）、纯棉布布花（小）的顺序重叠。铜丝留出2mm后剪掉，沿着花瓣折弯（参见p.47）。

❷ 把剩余的5片花片中央涂上热熔胶，对折两次。

❸ 从左开始按照中花片、小花片、中花片、小花片、步骤❶制品、中花片的顺序，将它们粘贴到手镯上。

❹ 左边中和小的花片之间粘贴固定2种满天星。

❺ 中央处的步骤❶制品的背面粘贴上保鲜花绣球花。

❻ 右边布花的旁边粘贴上兔尾草。

❼ 步骤❶制品和右边中花片之间，插入珠光花蕊和文心兰（枝），粘贴固定，即完成。

24、25

Stock &
Gerbera
Barrette

紫罗兰、太阳花发饰

（彩图见p.22）

24

◆ 布花的材料

绣球花 ·········· **8 朵（制作方法见 p.36）**
　ⓑ：花瓣用布（纯棉布 / 4.5cm×4.5cm）
　　　　　　　　　　　　　　纸样Ⓞ小　8 块
　花瓣染料 ·········· 绿色 1：茶色 1：黄色 1/3
　　　　　（所有染料混合之后，稀释 3 倍）
　扁圆珠光花蕊（黄色）·········· 8 根
紫罗兰 ·········· **1 朵（制作方法见 p.36）**
　ⓑ：花瓣用布（天鹅绒 / 7cm×7cm）
　　　　　　　　　　　　　　纸样Ⓝ小　2 块
　花瓣染料 ·········· 蓝色（2 倍染料）
　扁圆珠光花蕊（黄色）·········· 半束

◆ 所需保鲜花（PF）

绣球花（白色）·········· 1/3 株

◆ 所需仿真花

通草玫瑰 ·········· 1 朵

◆ 其他材料

发夹（长 80mm）·········· 1 个
蕾丝底座（宽 20mm）·········· 约 8cm
缎带（白色 / 宽 36mm）·········· 约 30cm

25

◆ 布花的材料

绣球花 ·········· **8 朵（制作方法见 p.36）**
　ⓑ：花瓣用布（天鹅绒 / 4.5cm×4.5cm）
　　　　　　　　　　　　　　纸样Ⓞ小　8 块
　水滴形珠光花蕊（黑色）·········· 8 根
太阳花 ·········· **1 朵（制作方法见 p.30）**
　花瓣用布（纯棉布 / 13cm×13cm）
　　　　　　　　　　　　　　纸样Ⓔ　3 块
　花瓣染料 ·········· 绿色 1：茶色 1：黄色 1/3
　　　　　（所有染料混合之后，稀释 3 倍）
　水滴形珠光花蕊（黑色）·········· 半束

◆ 所需保鲜花（PF）

绣球花（榛子色）·········· 1/3 株

◆ 所需仿真花

通草玫瑰 ·········· 1 朵

◆ 其他材料

发夹（长 80mm）·········· 1 个
蕾丝底座（宽 20mm）·········· 约 8cm
缎带（白色 / 宽 36mm）·········· 约 30cm

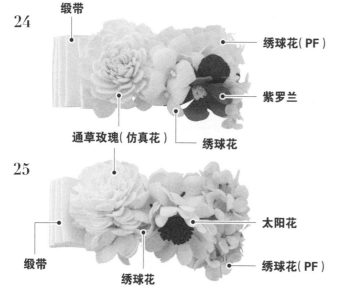

24
缎带
绣球花（PF）
紫罗兰
通草玫瑰（仿真花）
绣球花

25
太阳花
缎带
绣球花（PF）
绣球花

背面
缎带
发夹
蕾丝底座

制作方法

❶ 预先准备好保鲜花（参见 p.44）。绣球花和太阳花的铁丝部分在底部剪掉。

❷ 参见 p.36 的步骤❶、❷制作的 2 片紫罗兰花片重叠，然后插入珠光花蕊。

❸ 缎带错开折叠成 4 层（参见 p.47），粘贴到蕾丝底座的左端 1/3 处。

❹ 蕾丝底座的另一端粘贴保鲜花绣球花。

❺ 把通草玫瑰粘贴到缎带上，把紫罗兰（太阳花）粘贴到保鲜花绣球花上。

❻ 把布花绣球花填充到步骤❺制品的空隙处。

❼ 把发夹粘贴固定到蕾丝底座的背面，即完成。

> **Point**
> 组合时，注意前后左右都不要看见花的底部。

26~28

Hydrangea Ring with Tulle Lace

绣球花绢网戒指

（彩图见 p.23）

◆ 布花的材料

绣球花 ······················ **2 朵**（ 制作方法见 p.36 ）

ⓐ：花瓣用布（ 天鹅绒 / 5cm×5cm ）

···································· 纸样 ◎ 中　1 块

ⓐ：花瓣用布（ 纯棉布 / 6cm×6cm ）

···································· 纸样 ◎ 大　1 块

花瓣染料

26 = 晕染 ······· 基础色 / 绿色 1：茶色 1：黄色 1/3

　　　　　　（ 所有染料混合之后，稀释 3 倍 ）

　　··········· 晕染 / 紫红色 1.3：绿色 1：黄色 1

27 = 晕染 ······· 基础色 / 绿色 1：茶色 1：黄色 1/3

　　　　　　（ 所有染料混合之后，稀释 3 倍 ）

　　　　　　　　　　·········· 晕染 / 蓝色 3：紫色 1

28 = 紫红色 1.3：绿色 1：黄色 1

◆ 所需保鲜花（ PF ）

26 = 满天星（ 粉红色夹白色 ）·················· 少量

27 = 满天星（ 黄色夹白色 ）····················· 少量

28 = 满天星（ 白色 ）····························· 少量

◆ 其他材料

戒指（ 圆形 ）································· 1 个

珍珠（ 直径 3mm ）····························· 3 颗

淡水珍珠（ 直径 1mm ）························· 10 颗

绢网（ 大网眼、小网眼 / 6cm×3cm ）··········· 各 1 块

金色铜丝·································· 1 根

※ 上述材料为 1 只戒指所需的材料。可以尝试使用不同的
染料或者保鲜花进行制作。

26~28

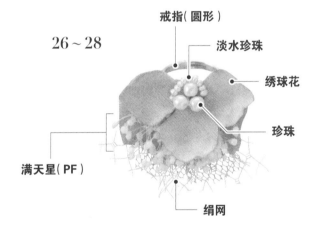

戒指（ 圆形 ）

淡水珍珠

绣球花

珍珠

满天星（ PF ）

绢网

制作方法

❶ 参照 p.36 的步骤 **1**~**4** 制作绣球花（ 大 ）花片，然后涂
上热熔胶，对折（ 成为底座 ）。

❷ 步骤❶的花片之间重叠粘贴 2 种绢网，作为饰边。

❸ 制作绣球花（ 中 ），剪掉 4 片花瓣中的 1 片，注意不要
剪掉中央的孔。

❹ 金色铜丝穿过步骤❸花片的孔，淡水珍珠穿成半圆形，
珍珠穿成三角形。然后把金色铜丝穿过花片的同一个
孔里，固定。

❺ 把步骤❹的制品粘贴到步骤❷的制品上，中间粘贴固
定满天星。

❻ 在步骤❺制品的背面固定戒指，即完成。

29、30

Blue Small Flowers Brooch & Earring

蓝色小花胸花和耳饰

（彩图见p.24）

29

◆ 布花的材料

勿忘草 ································ **7 朵（制作方法见 p.37 ）**
　ⓐ：花瓣用布（纯棉布／3cm×3cm）
　　　 ···································· 纸样Ⓖ 3 块
　ⓑ：花瓣用布（真丝缎 10 号／3cm×3cm）
　　　 ···································· 纸样Ⓖ 4 块
　花瓣染料 ·········· 蓝色 1：（黄色 1：红色 1）1/5
　珍珠（直径 2mm） ······················· 7 颗

绣球花 ································ **2 朵（制作方法见 p.36 ）**
　ⓑ：花瓣用布（纯棉布／4.5cm×4.5cm）
　　　 ································ 纸样Ⓞ小 2 块
　花瓣染料 ·································· 绿色

◆ 其他材料

环形镂空金属垫片（甜甜圈形状／直径38mm）
　 ······································· 1 个
淡水珍珠（直径 1mm） ·················· 18 颗
珍珠（直径 3mm） ····················· 24 颗
棉花珍珠（直径 8mm） ·················· 8 颗
天蚕丝线 ······························ 约 1.5m
定位珠（直径 1.5mm） ···················· 2 颗
胸花别针 ································· 1 个

30（1 对）

◆ 布花的材料

勿忘草 ································ **10 朵（制作方法见 p.37 ）**
　ⓐ：花瓣用布（纯棉布／3cm×3cm）
　　　 ···································· 纸样Ⓖ 5 块
　ⓑ：花瓣用布（真丝缎 10 号／3cm×3cm）
　　　 ···································· 纸样Ⓖ 5 块
　花瓣染料 ·········· 蓝色 1：（黄色 1：红色 1）1/5
　珍珠（直径 2mm） ······················ 10 颗

绣球花 ································ **2 朵（制作方法见 p.36 ）**
　ⓑ：花瓣用布（纯棉布）············· 纸样Ⓞ小 2 块
　花瓣染料 ·································· 绿色

◆ 其他材料

带网片的耳夹（8mm）···················· 2 个
天蚕丝线 ······························ 约50cm
定位珠（直径 1.5mm） ···················· 4 颗

29

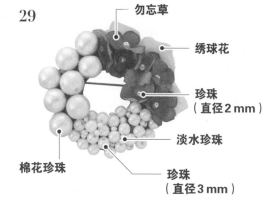

- 勿忘草
- 绣球花
- 珍珠（直径 2 mm）
- 淡水珍珠
- 棉花珍珠
- 珍珠（直径 3 mm）

30

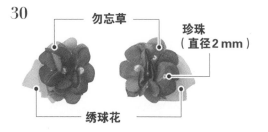

- 勿忘草
- 珍珠（直径 2 mm）
- 绣球花

制作方法

29

❶ 把定位珠穿到天蚕丝线上（参见p.50），把棉花珍珠固定到金属垫片的 1/3 处（参见p.47）。

❷ 继续使用步骤❶的天蚕丝线，在棉花珍珠的相邻 1/3 处无规则地固定淡水珍珠和珍珠。

❸ 将参见p.37 的步骤❶、❷制作的勿忘草和珍珠一起穿到步骤❷的天蚕丝线上。

❹ 再次把天蚕丝线穿进同一布花的孔里，固定到金属垫片上。

❺ 按照步骤❸、❹的方法，将勿忘草按真丝缎布花、纯棉布布花的顺序重复，固定到金属垫片上。通过定位珠固定天蚕丝线。

❻ 参照p.36 的步骤❶～❹制作2 朵绣球花，然后涂上热熔胶，对折，粘贴固定到金属垫片与勿忘草之间。

❼ 把胸花别针固定到环形镂空金属垫片上，即完成。

30

❶ 把穿有定位珠的天蚕丝线（参见p.50）穿到网片上。参照p.37 的步骤❶、❷制作勿忘草，和珍珠一起穿到天蚕丝线上。

❷ 再次把天蚕丝线穿进同一布花的孔里，固定到网片上。

❸ 按照步骤❶、❷的方法和真丝缎布花、纯棉布布花的顺序重复，将勿忘草固定到网片上。通过定位珠固定天蚕丝线。

❹ 参照p.36 的步骤❶～❹制作绣球花，然后涂上热熔胶，对折两次，粘贴固定到网片与勿忘草之间。

❺ 把网片固定到耳夹上，即完成。

31、32

Corsage of Bouquet
花束状胸花
（彩图见p.25）

31

◆ 布花的材料

蒲公英 —————————— **4 朵（制作方法见 p.39）**
花瓣用布（天鹅绒 / 1.8cm×35cm）————— 4 块
花瓣染料 ————————————————— 黄色
仿真花用铁丝（24 号） ————————————— 4 根
扎花胶带 ————————————————— 适量

白车轴草 ————————— **3 朵（制作方法见 p.37）**
花瓣用布（纯棉布 / 5cm×5cm）· 纸样 Ⓗ 15 块
仿真花用铁丝（24 号） ————————————— 3 根
扎花胶带 ————————————————— 适量

绣球花 —————————— **1 朵（制作方法见 p.36）**
Ⓑ：花瓣用布（纯棉布 / 6cm×6cm）
　　　　　　　　　　 纸样 Ⓖ 大 2 块
花瓣染料 ———————————— 紫色（2 倍热水）
扁圆珠光花蕊（黄色）————————————— 3 根
仿真花用铁丝（24 号） ————————————— 1 根
扎花胶带 ————————————————— 适量

毛绒球 —————————————————— **4 个**
参照 p.30 太阳花花蕊的制作方法
布（丝绸 / 3cm×3cm）———————————— 4 块
染料 ———————————————————— 黄色
仿真花用苯乙烯圆球 ————————————— 4 个
仿真花用铁丝（24 号） ————————————— 4 根
扎花胶带 ————————————————— 适量

叶子 —————————— **5 片（制作方法见 p.41）**
布（纯棉布 / 10cm×10cm）· 纸样 Ⓘ 10 块
仿真花染料 ————————————— 绿色1：黄色1
仿真花用铁丝（24 号） ————————————— 5 根
扎花胶带 ————————————————— 适量

◆ 所需保鲜花（PF）

蜡菊（黄粉色）———————————————— 适量
相思豆（白色夹绿色）————————————— 适量

◆ 其他材料

胸花别针（20mm）—————————————— 1 个
仿真花用铁丝（30 号）———————————— 1 根

31

相思豆（PF）
白车轴草
毛绒球
叶子
绣球花
蒲公英
蜡菊（PF）

背面
胸花别针

制作方法

❶ 预先准备好保鲜花（参见p.44）。蒲公英、白车轴草的铁丝部分缠上扎花胶带。

❷ 参见p.36的步骤 ❶~❻ 制作绣球花，把2片花片重叠，插入珠光花蕊。珠光花蕊上用扎花胶带缠上仿真花用铁丝。

❸ 参见p.30 太阳花花蕊的制作步骤，制作毛绒球。

❹ 把白车轴草均衡地配置到4朵蒲公英之间。

❺ 把绣球花配置在步骤❹制品的左侧，把步骤❸制作的毛绒球配置在中央偏下。

❻ 整体呈现球形轮廓时，用2种保鲜花填补空隙。

❼ 步骤❻制品的背面放置叶子，用铁丝（30 号）固定底部，中途缠上胸花别针。缠完铁丝之后，用热熔胶粘贴固定。

❽ 铁丝（茎）部分留出6cm之后剪掉多余的，即完成。

Point1
调整铁丝的长度，使蒲公英能形成球形。

Point2
剪后的铁丝部分的末端朝外散开，更加真实。

32

◆ **布花的材料**

太阳花 ···············**1 朵**(制作方法见 p.30)
　花瓣用布(纯棉布 / 9cm×9cm)·····纸样 Ⓓ 2 块
　花蕊用布(丝绸 / 4cm×4cm)······················1 块
　花瓣染料 ···············茶色(热水用量是染料的 2 倍)
　花蕊染料 ···黑色
　水滴形珠光花蕊(黑色)·························半束
　仿真花用苯乙烯圆球 ·······························1 个
　仿真花用铁丝(24 号)·····························1 根
　扎花胶带 ···适量
紫罗兰 ···············**2 朵**(制作方法见 p.36)
　ⓑ : 花瓣用布(天鹅绒 / 8cm×8cm)
　　　···纸样 Ⓝ 大 4 块
　花瓣染料(晕染)
　　·············基础色 / 紫色(热水用量是染料的 3 倍)
　　···晕染 / 紫色
　扁圆珠光花蕊(白色)·····························2 根
　仿真花用铁丝(24 号)·····························2 根
　扎花胶带 ···适量

◆ **所需保鲜花(PF)**

蜡菊(黄粉色)···少量
相思豆(白色)···少量
灯芯草(绿色)···少量
花竹柏(绿色)···少量

◆ **其他材料**

胸花别针(20mm)·····································1 个
仿真花用铁丝(30 号)·····························1 根

32

灯芯草(PF)
相思豆(PF)
蜡菊(PF)
花竹柏(PF)
太阳花
紫罗兰

制作方法

❶ 预先准备好保鲜花(参见 p.44)。

❷ 参照 p.36 的步骤**1**、**2**制作紫罗兰，把 2 片花片重叠，插入珠光花蕊。珠光花蕊上用扎花胶带缠上仿真花用铁丝(30 号)。然后花片对折粘贴。

❸ 以太阳花为中心，右上半部分配置蜡菊，左下半部分配置步骤❷的紫罗兰，宛如包围着太阳花一样。

❹ 太阳花的垂直上方是相思豆，其后面粘贴固定灯芯草和花竹柏。

❺ 步骤❹制品的底部用铁丝固定。中途，缠上胸花别针。缠完铁丝之后，用热熔胶粘贴固定。

❻ 铁丝(茎)部分留出 6cm 之后剪掉多余的，即完成。

Point
太阳花配置在中央，其他花左右非对称均衡配置。

布花的纸样

纸样Ⓐ~Ⓘ

A

B

C

D

E

F

G

2mm

H

I

纸样Ⓙ～Ⓞ

Ⓙ

Ⓚ

Ⓛ

Ⓜ

大
小
Ⓝ

大
中
小
Ⓞ

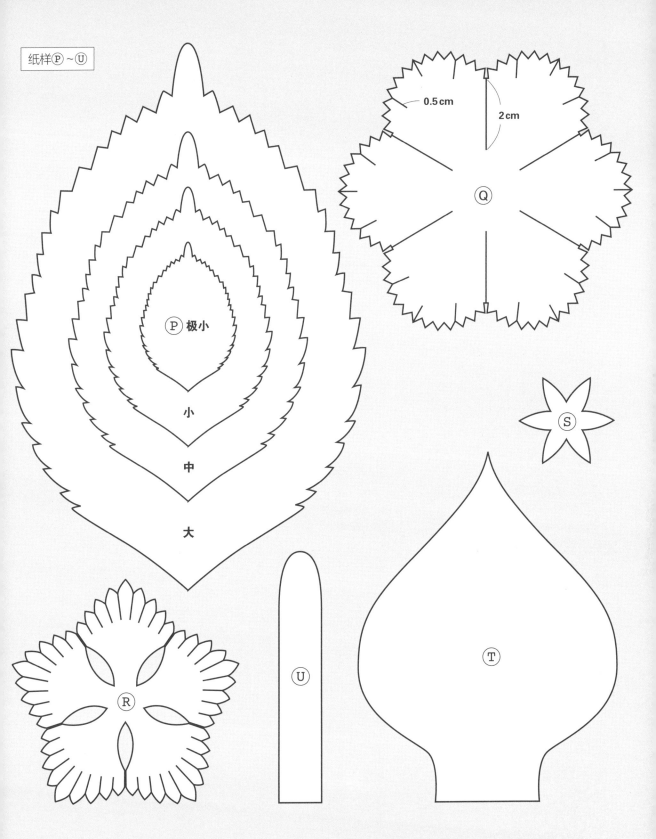

P 极小

小

中

大

0.5 cm

2 cm

Q

S

R

U

T

FLOWER ACCESSORIES
©EDUCATIONAL FOUNDATION BUNKA GAKUEN
BUNKA PUBLISHING BUREAU 2015
Originally published in Japan in 2015 by EDUCATIONAL FOUNDATION BUNKA GAKUEN BUNKA PUBLISHING
BUREAU
Chinese (Simplified Character only) translation rights arranged with BUNKA PUBLISHING BUREAU through TOHAN
CORPORATION, TOKYO.

发行	大沼 淳
摄影	福井裕子
图书设计	加藤美保子（STUDIO DUNK）
发型	镰田真理子
设计	露木蓝（STUDIO DUNK）
模特	Noe Saathoff（Sugar & Spice）
编辑、撰稿	塚本佳子（studio FIKA）
编辑	加藤风花（STUDIO PORTO）
	大泽洋子（文化出版局）

折田沙耶香
SARAH GAUDI

手工饰品制作家。1986年生于东京都，现住埼玉县。日本大学文理学部化学专业毕业之后，做了一名公司职员。2014年成立了SARAH GAUDI公司，主要使用布花、仿真花、保鲜花等制作各种各样的装饰品。主办各种装饰品展览会。主要制作展现自然美的婚礼用小物件，以及日常生活装饰品。
【facebook】https://www.facebook.com/sarahgaudi
【instagram】http://instagram.com/sarah_gaudi

图书在版编目（CIP）数据

折田沙耶香的美丽手作烫花 /（日）折田沙耶香著；陈亚敏译. —郑州：河南科学技术出版社，2018.1
（2018.6 重印）
ISBN 978-7-5349-9069-4

Ⅰ.①折… Ⅱ.①折… ②陈… Ⅲ.①布料-手工艺品-制作 Ⅳ.① TS973.5

中国版本图书馆CIP数据核字（2017）第290692号

出版发行：河南科学技术出版社
　　　　　地址：郑州市经五路66号　　邮编：450002
　　　　　电话：（0371）65737028　　65788613
　　　　　网址：www.hnstp.cn
策划编辑：刘 欣
责任编辑：梁 娟
责任校对：王晓红
封面设计：张 伟
责任印制：张艳芳
印　　刷：北京盛通印刷股份有限公司
经　　销：全国新华书店
幅面尺寸：190 mm×240 mm　　印张：5　字数：120千字
版　　次：2018年1月第1版　　2018年6月第2次印刷
定　　价：49.00元